JÄGER—
PRÜFUNG

DAS REPETITORIUM

SIEGFRIED SEIBT

Vorwort

Das vorliegende Repetitorium soll Sie in der Endphase der Vorbereitung auf die mündlich-praktische Jägerprüfung unterstützen. Um sich nicht in der Fülle der Ausbildungsinhalte zu verlieren, sollten Sie sich Schwerpunkte setzen und vor allem auf die prüfungsrelevanten Inhalte konzentrieren. In diesem Repetitorium sind die prüfungsrelevanten Inhalte aus allen Fachgebieten in kurzen Texten sowie Tabellen aufbereitet.

Dieses Repetitorium dient nicht zur Vorbereitung auf die schriftliche Jägerprüfung. Auch das Schießen, die Waffenhandhabung sowie das Erkennen der Wildarten sollten in einer jagdlichen Ausbildungsstätte erlernt werden. Das vorliegende Repetitorium ersetzt auch keinesfalls ein umfassendes Lehrbuch zur Vorbereitung auf die Jägerprüfung. Das Repetitorium basiert auf dem Ausbildungsbuch „Grundwissen Jägerprüfung" und soll insbesondere in den letzten Wochen kurz vor der mündlich-praktischen Jägerprüfung dazu dienen, „den letzten Schliff" zu bekommen. Im Repetitorium werden die prüfungsrelevanten Inhalte in Kurzform wiedergegeben. Es ist deshalb kein Ersatz für „Grundwissen Jägerprüfung".

Die Vorbereitung zur schriftlichen Jägerprüfung erfolgt bestenfalls mit den jeweils gültigen Prüfungsfragen der verschiedenen Bundesländer. Bevor Sie mit dem systematischen Lernen beginnen, beachten Sie bitte die nachstehenden Lerntipps:

- Nutzen Sie für die Prüfungsvorbereitung ausschließlich aktuelle Ausbildungsliteratur („Grundwissen Jägerprüfung", „Die Jägerprüfung in Frage und Antwort" sowie das vorliegende Repetitorium). Wildmonografien, wissenschaftliche Fachbücher oder Literatur zu einzelnen Bereichen der Jagd sind nicht zu empfehlen.
- Begeben Sie sich auf Ihrer Lernreise von leichtfallenden zu schwerfallenden Themengebieten.
- Sie müssen in allen Fachgebieten die Grundlagen beherrschen. Detailwissen ist für das Bestehen der Jägerprüfung in jedem Fall notwendig.
- Die Jägersprache ist keine Fremdsprache, sondern eine Bildersprache. Sie unterliegt einem stetigen Wandel und soll örtlichen Besonderheiten (Dialekt) durchaus Rechnung tragen. Grundkenntnisse sind Basiswissen und erwünscht. Hat der Prüfling einzelne Spezialbegriffe in der Prüfung nicht parat, werden die Prüfer ihn deshalb nicht durchfallen lassen.

Jedes Bundesland in Deutschland hat ein eigenes Landesjagdgesetz sowie mindestens eine zugehörige Landesjagdverordnung. Die darin festgeschriebenen Regelungen unterscheiden sich teils sehr stark.

Um dieser föderalistischen Struktur im Bereich der Jagdgesetzgebung Rechnung zu tragen, sind im Anhang des Repetitoriums einige Tabellen und Übersichten zu finden. Markieren Sie die für Sie zutreffenden Zeilen am besten mit einem farbigen Textmarker an, damit Sie beim Lernen nicht in den Zeilen verrutschen. Darin sind die Regelungen der Bundesländer hinterlegt. Bitte übertragen Sie beim Bearbeiten der Kapitel die Daten des Bundeslandes, in dem Sie die Jägerprüfung ablegen, an die im Text vorgesehenen Stellen (durch Kästen markiert). Jagdzeiten unterscheiden sich nicht nur je nach Bundesland, sondern unterliegen auch einem stetigen Wandel. Aufgrund der oft vorkommenden Änderungen haben wir die aktuell gültigen Jagdzeiten nicht in diesem Repetitorium abgedruckt, sondern auf unserer Internetseite hinterlegt. Sie finden die Jagdzeiten unter: www.komos.de/jagdzeiten

Im Vorfeld der Jägerprüfung sollten Sie sich unbedingt die für Ihr Prüfungsbundesland gültigen Regularien rund um die Jägerprüfung anschauen. Folgende Fragen sind dabei zu klären:

- Welche Prüfungsfächer gibt es?
- Wie sind die Fächer in der Prüfung zusammengefasst?
- Wie wird geprüft – einzeln oder in Gruppen?
- Wie lange dauert die mündliche Prüfung?

Erstellen Sie sich einen eigenen zeitlichen Stundenplan. Beginnen Sie mit dem heutigen Datum und setzen Sie als Zieldatum einen Termin etwa fünf Tage vor der mündlichen Jägerprüfung. Vermerken Sie auch die Termine für die Schießausbildung und den Termin für die schriftliche Prüfung. Tragen Sie Ihre vorgesehenen Übungstage und Übungsstunden ein. Geben Sie sich für das Durcharbeiten der einzelnen Fächer eine geplante Stundenzahl vor. Nachdem alle Fächer einmal durchgearbeitet sind, gehen Sie mit allen Fächern in die Wiederholung. Sollten Sie mit dem Ergebnis zufrieden sein, sind Sie reif für die mündliche Prüfung. Beginnen Sie frühzeitig. Machen Sie sich von vornherein so wenig Stress wie möglich.

Wenn Sie beim Lernen auf Dinge stoßen, von denen Sie glauben, dass Sie sich das nie merken können, schreiben Sie diese auf einen kleinen

Zettel. Stecken Sie diesen Zettel ein und nehmen Sie ihn am Folgetag 10 Mal in die Hand, am darauffolgenden Tag 5 Mal, dann werfen Sie ihn weg. Das Wesentliche sollten Sie nun gelernt haben.

Kommen wir nun zum inhaltlichen Stundenplan. Wir empfehlen beim Lernen mit dem Kapitel 1 „Haarwild und Federwild“ zu beginnen. Die Wildbiologie ist ein großes, aber sehr interessantes Fach. Man hat etwas zum „Begreifen“, zumindest zum Anschauen, und außerdem ist einem das eine oder andere doch schon bekannt. Die Tiefe des Fachs und Schwerpunkt der Tierarten sind sicherlich je nach Prüfungsland unterschiedlich. Es wird meist auf die in der Region vorkommenden Tierarten ein besonderer Schwerpunkt gesetzt. Da der Jagdschein aber in ganz Deutschland gilt, müssen Sie auch mit Fragen rechnen, die sich auf fremde Lebensräume und Tierarten beziehen. Danach wählen Sie die Reihenfolge der Kapitel entsprechend Ihrer persönlichen Interessen. In Ihren Lieblingsfächern sollten Sie gute oder sehr gute Leistungen zeigen, in den anderen genügen auch einmal durchschnittliche. Oft lässt auch die Prüfungsordnung einen Notenausgleich zu. Als letztes Kapitel sollten Sie sich dem Fach „Jagdrecht“ widmen. Insgesamt sollten Sie die einzelnen Kapitel dieses Repetitoriums mindestens 3 Mal bearbeiten:

1. Das 1. Mal, um sich einen Überblick zu verschaffen, und die Eintragungen für Ihr Prüfungsland vorzunehmen.
2. Das 2. Mal, um zu lernen, und evtl. eigene Anmerkungen und ggf. Hervorhebungen anzubringen (Lernziel: 60 %).
3. Das 3. Mal zum Repetieren und ein Lernziel von 80 % zu erreichen. Das Lernziel von 100 % brauchen Sie nicht anzustreben, die Jägerprüfung bestehen Sie auch sicher mit 80 %.

Ihnen werden im Buch immer wieder zwei Piktogramme begegnen. Diese haben folgende Bedeutung:

LÄNDERRECHT BEACHTEN:
Die gesetzlichen Regelungen weichen in den Bundesländern hier voneinander ab. Prüfen Sie, welche Regelungen für Ihr Prüfungsbundesland gelten. Nutzen Sie bei Bedarf die originalen Gesetzestexte.

AUSWENDIG LERNEN:
Dieser Inhalt ist besonders prüfungsrelevant. Sie sollten den Inhalt auswendig wiedergeben können!

Hören Sie spätestens 3 Tage vor der mündlichen Jägerprüfung damit auf, sich selbst Lernstress zu machen. Lernen Sie weiter, nach dem Prinzip „leichte Kost“. Fahren Sie rechtzeitig zum Prüfungsort. Gönnen Sie sich vor der Prüfung einen kleinen Spaziergang. Ernähren Sie sich wie gewohnt. Nehmen Sie sich zur Prüfung einen kleinen Snack (Müsliriegel, Apfel ...) mit, um Hunger während der Prüfung zu vermeiden. Machen Sie sich beim Warten vor der Prüfung nicht verrückt durch Gespräche mit anderen Prüfungsteilnehmern. Nehmen Sie sich lieber Ihr Skript des entsprechenden Prüfungsfachs vor und überfliegen Sie den Text. Hören Sie am besten nicht auf Erzählungen der bereits geprüften Teilnehmer. Nachdem ein Fach geprüft wurde und Sie den Raum verlassen haben, denken Sie darüber nicht mehr nach. Schalten Sie um, konzentrieren Sie sich auf das nächste Fach. Wenn möglich, überfliegen Sie nochmals schnell ihr Skript.

Die Jägerprüfung ist Voraussetzung zum Lösen des Jagdscheins. Wenn Sie die Prüfung bestanden haben, dürfen Sie jagen, können es aber in der Regel noch nicht. Das ist ähnlich wie beim Führerschein. Nach bestandener Fahrprüfung dürfen Sie fahren, können es aber in der Regel auch noch nicht. Erst die Praxis macht Sie zu einem routinierten Fahrer. Lassen Sie sich bitte bei Ihren ersten Jagdgängen von einem erfahrenen Jäger begleiten. Wir Jäger haben alle einmal als Jungjäger angefangen. Jagen Sie anständig, jagen Sie waidgerecht, jagen Sie so, wie Sie es in Ihrer jagdlichen Ausbildung gelernt haben.

Ich wünsche Ihnen, dass Sie die Jägerprüfung erfolgreich ablegen. Sie ist schaffbar, aber keinesfalls ein Klacks. Nicht umsonst wird sie auch als das „Grüne Abitur“ bezeichnet. Eines aber ist sicher: Nachdem Sie die Ausbildung zum Jäger durchlaufen haben, werden Sie die Natur mit anderen Augen erleben.

Waidmannsheil auf all Ihren Wegen!

Siegfried Seibt (Wildmeister DJV)

Inhalt

Kapitel 1.1

Haarwild

Schalenwild: Wisent, Elchwild, Rotwild, Damwild, Sikawild, Rehwild, Muffelwild, Gamswild, Steinwild, Schwarzwild

Hasentiere: Feldhase, Wildkaninchen

Katzenartige: Wildkatze, Luchs

Hundeartige: Fuchs, Marderhund (Enok), Wolf, Goldschakal

Marderartige: Steinmarder, Baummarder, Iltis, Hermelin, Dachs, Fischotter, Nerz, Mink

Kleinbären: Waschbär

Es geht bei der vorgenannten Aufzählung der Wildtierarten nicht um eine vollständige (zoologische oder jagdrechtliche) Aufzählung, sondern es handelt sich um ein für die mündliche Jägerprüfung erstelltes Repetitorium, bei denen eine gewisse Auswahl getroffen wurde.

Tipp: Alle Tiere, die auf Schalen ziehen, hinterlassen eine Fährte; alles was auf Ballen geht, hinterlässt eine Spur.

Jagdzeit haben:
Rotwild, Damwild, Sikawild, Muffelwild, Rehwild, Schwarzwild, Feldhase, Wildkaninchen, Fuchs, Marderhund, Stein- und Baummarder, Hermelin, Dachs und Waschbär

Wiederkäuendes Schalenwild

Gemeinsamkeiten der Wiederkäuer:

- reine **Pflanzenfresser**
- **Wiederkäuergebiss** (oben keine Schneidezähne, Grandeln nur bei Rotwild und Sikawild, lange Lücke vor den Backenzähnen, Backenzähne mit Kunden)
- **Wiederkäuermagen** mit **Pansen** (Gärkammer), **Netzmagen** (Sortierung), **Blättermagen** (Wasserentzug) und **Labmagen** (eigentliche Verdauung)

Äsungstypen:

Konzentratselektierer: (Reh, Elch) kleiner Pansen, energiereiche Äsung

Raufutterfresser: (Muffelwild, Steinwild) großer Pansen, energiearme Äsung)

Alles übrige Schalenwild fällt in die Gruppe **Mischäser** (Rot-, Dam-, Sika-, Gamswild) **Zwischentyp**

Cerviden allgemein

Gemeinsamkeiten der Cerviden:

- männliche Stücke haben **Geweih aus Knochensubstanz**
- **Spitzenwachstum und jährliches Abwerfen**
- keine Gallenblase

Echthirsche:

- Rot-, Dam-, Sikawild

Trughirsche:

- Rehwild und Elchwild

Rotwild

Bezeichnungen:

- im 1. Lebensjahr (0 Jahre alt): Hirschkalb bzw. Wildkalb
- im 2. Lebensjahr (1 Jahr alt): Schmalspießer bzw. Schmaltier
- ab 3. Lebensjahr (2 Jahre alt): Hirsch vom 2., 3. usw. Kopf bzw. Alttier

Achtung: Jäger gehen immer vom Jagdjahr (1.4.–31.3.) aus (2 Jahre alt); ansonsten sprechen wir ausdrücklich vom Kalenderjahr.

Lebensraum:

- ursprünglich Steppenbewohner: Bewohner offener Landschaften, heute große geschlossene **Waldgebiete**
- Bewirtschaftung nur in **Bewirtschaftungsbezirken** (in Rotwildgebieten mit **Abschussplan**)

Äsung:

- Wiederkäuer, Pflanzenfresser
- Um die Äsung einer Tierart zu beschreiben, stellen Sie sich vor: Sie sind im **Wald**. Drehen Sie sich um 360 Grad im Kreis. Welche Pflanzen, Bäume etc. sehen Sie? Dies ist die Nahrung unseres Wildes. Sie sind im **Feld**: Drehen Sie sich um 360 Grad im Kreis. Was sehen Sie, welche Pflanzen etc. sehen Sie? Dies ist die Nahrung unseres Wildes.
- **Waldäsung**: Waldfrüchte, Knospen, Triebe der Waldbäume und Sträucher; ebenso Kräuter, Beeren, Pilze usw.
- **Feldäsung**: Feldfrüchte, Gräser, Kräuter, Klee, Wildobst, Beeren, Pilze, Sträucher usw.

Lebensweise:

- **Gesellig in Rudeln** (i. d. R. weibl. Tiere mit Nachkommen, mehrere Generationen)
- **Kahlwildrudel** (ganzjährig weibliche Stücke + geringe Hirsche vom **Leittier** geführt)
- **Leittier = führendes Alttier** (also mit Kalb)
- **Brunftrudel** (in der Brunft Kahlwildrudel + Platzhirsch)
- **Feisthirschrudel** (Sommer ab ca. 4. Kopf)

Fortpflanzung:

- Brunft: **September bis Oktober**, Brunftgebiete, Hirsche ziehen zum Kahlwild (Brunftrudel).
- Entscheidend für den Ort der Brunft ist der Aufenthaltsbereich des Kahlwildes. Ein Tier ist ca. 2 bis 3 Tage brunftig (aufnahmebereit).
- **Rivalenkämpfe:** Platzhirsch verteidigt sein Rudel gegenüber **Nebenbuhlern (Beihirschen), Schneider** werden geduldet.
- Setzzeit: i. d. R. im **Juni, 1 Kalb**

Geweihentwicklung:

- **Hirschkalb**: Februar–März Rosenstockbildung, April–Juni Spieße ohne Rosen, September fegen der Erstlingsgeweihs (1. Kopf), April–Mai Abwurf des Erstlingsgeweihs – Neubildung (2. Kopf)
- **Abwerfen:**
  - » **alte Hirsche**: ab Ende Feb. bis März (Feb.: Hornung)
  - » **mittelalte Hirsche:** März–April
  - » **junge Hirsche:** bis Anfang Mai
- **Fegen:**
  - » **alte Hirsche:** ab Ende Juli, August
  - » **mittelalte Hirsche:** August
  - » **junge Hirsche:** bis September (Schmalspießer in der Brunft)

Merke:
Jagdzeit auf den Rothirsch beginnt 1.8. (alte Hirsche haben gefegt)

Geweih:

- **Petschaft:** (Abwurffläche = „Fingerabdruck", Form des Rosenstocks ändert sich nicht)
- Rosen
- **Aug-, Eis-, Mittelsprosse**
- Ende (1 Ende)
- Gabel (2 Enden)
- Krone (mind. 3 Enden)
- Riefen und Rillen (= Furchen); Bahnen der blutführenden Gefäße im Bast
- Perlen (knöcherne Knubbel auf den Stangen)
- gerade-ungerade (Anzahl der Enden pro Stange)
- Schmalspießer bzw. Hochgabler (seltener), Gabler bzw. Augsprossengabler, Sechser, Achter (Gabelachter, Eissprossenachter), Zehner (Kronenzehner, Eissprossenzehner), Zwölfer, 14-Ender, 16-Ender, bis. ca. 24-Ender

Zahnwechsel:

- **Molare** (1 bis 3) mit **6, 18, 31 Monaten**
- **bezogen auf die Jagdzeit gilt:**
  - » M I da: im 1. Lebensjahr (0 Jahre alt)
  - » M II da: im 2. Lebensjahr (1 Jahr alt, 1. Kopf)
  - » M III da: im 3. Lebensjahr (2 Jahre alt, 2. Kopf)
- Wechsel dritter Prämolar mit ca. 24 Monaten (dreiteilig zu zweiteilig)
- Wechsel mit ca. 31 Monaten abgeschlossen (34 Zähne)
- Kunde am MI mit ca. 10 Jahren (Reifealter) verschwunden

Merke: Alle Zähne, außer den Molaren, kommen erst als Milchzähne und werden dann zu Dauerzähnen durchgewechselt. Dies beginnt immer mit den Schneidezähnen, dann kommen die Eckzähne, dann die Prämolaren, durchaus verschachtelt (parallel). Also auch die Grandeln beim Rotwild (Eckzähne) kommen erst als Milchzähne. Diese Milchgrandeln stellen jedoch keine Trophäe dar.

Abschussplanpflicht:

ja, in Bewirtschaftungsbezirken. Dort müssen i. d. R. Hegegemeinschaften gebildet werden.(festgelegt in Verordnungen der Länder)

Altersklassen, Abschussquoten:

In den meisten Bundesländern wie folgt (festgelegt in Verordnungen der Länder):

- Altersklasse IV: Kälber 40 %
- Altersklasse III.1 (1. Kopf) und Altersklasse III.2 (2. bis 3. Kopf) 35 %
- Altersklasse II: 4. bis 9. Kopf 5 %
- Altersklasse I: ab 10. Kopf 20 %

In MV, BB und SA (beispielhaft):

- Altersklasse (AK) 0: Kälber
- AK 1: Schmalspießer (1 Jahr)
- AK 2: junge Hirsche (2–4 Jahre)
- AK 3: mittelalte Hirsche (5–9 Jahre)
- AK 4: alte Hirsche (ab 10 Jahre)

Sonstiges:

- Echthirsch (zu echten Hirschen gehörend)
- Mischäser
- **Grandeln**
- **Suhlen**
- **Malbäume**
- Verbiss-, Fege- und Schälschäden im Wald; Äsungs- und Trampelschäden im Feld
- **Reifealter ab 10 Jahren**

Jagdzeit:
- Hirsche, Alttiere, Kälber: 1.8.–31.1.
- Schmalspießer, Schmaltiere: 1.5.–31.1.

Damwild

Bezeichnungen: siehe Rotwild

Lebensraum: **Wälder, Felder, parkähnliche Landschaften**

Äsung: Wiederkäuer (pflanzliche Äsung)

Lebensweise: gesellig in Rudeln (Kahlwildrudel, Hirschrudel)

Fortpflanzung:
- Brunft: **Oktober–November**
- Hirsche ziehen zu Brunftgebieten bzw. Brunftplätzen
- Dort schlagen sie sich **Brunftkuhlen**; sie erwarten dort das hinzuziehende Kahlwild.
- Rivalenkämpfe um besten Platz
- **Damenwahl**
- Setzzeit: Juni, meist 1 Kalb

Geweihentwicklung:
- **Spießer** mit Wülsten (Zwiebeln: Verdickungen)
- **Knieper** (Stangengeweih ohne flächenhafte Ausprägung)
- **Löffler** (Beginn der Schaufelbildung)
- **angehender Schaufler**
- **Hauptschaufler, Vollschaufler**
- **vielleicht kapitaler Schaufler**
- unerwünscht: **Krebsschere**
- **abwerfen und fegen ca. 4 Wochen später als Rotwild**

Abschussplanpflicht: ja, in Bewirtschaftungsbezirken. Dort müssen Hegegemeinschaften gebildet werden.

Sonstiges:
- Echthirsch
- Mischäser
- i. d. R. keine Grandeln
- suhlt nicht
- Prellsprünge
- langer Wedel
- gefleckte Decke
- ausgeprägter Drosselknopf (Alterszeichen)
- weiße Bauchseite, starke Farbvariationen
- Verbiss-, Schäl-, Fegeschäden im Wald. Äsungs- und Trampelschäden im Feld.
- **Reifealter (i. d. R.) ab 8 Jahren**

Jagdzeit:
- Hirsche, Alttiere, Kälber: 1.8.–31.1.
- Schmalspießer, Schmaltiere: 1.5.–31.1.

Sikawild

Bezeichnungen: siehe Rotwild

Herkunft: **Ostasien**

Lebensweise: geselig in Rudeln

Äsung: Wiederkäuer (pflanzliche Nahrung)

Fortpflanzung:
- Brunft: Oktober–November
- Setzzeit: Juni–Juli (1 Kalb)

Geweihentwicklung: ähnlich Rotwild, meist nicht mehr als Achter

Sonstiges:
- Echthirsch
- Mischäser
- Grandeln
- Suhlen
- Malbäume
- weiße Laufbürsten an Hinterläufen
- Pfeifen als Brunftschrei
- Kreuzungen mit Rotwild möglich
- Verbiss-, Fege- und Schälschäden im Wald
- Reifealter (i. d. R.) ab 8 Jahren

Jagdzeit:
- Hirsche, Alttiere, Kälber: 1.8.–31.1.
- Schmalspießer, Schmaltiere: 1.5.–31.1.

Rehwild

Bezeichnungen:
- 1. Lebensjahr: Bockkitz, Geiß- oder Rickenkitz
- 2. Lebensjahr: Jährling, Schmalreh
- ab 3. Lebensjahr: Bock, Geiß oder Ricke

Lebensraum: flächendeckend in Deutschland bis ins Gebirge; Wald, Feld und insbesondere an Wald-Feldgrenze (Kurzstreckenflüchter); Kulturfolger

Unterschied Bock/Geiß:
Bock:
- **nierenförmiger Spiegel im Winter (auch Bockkitz)**
- oft (Winkelfortsatz) Furchung im Unterkiefer

Geiß:
- **herzförmiger Spiegel mit Schürze im Winter (auch Geißkitz)**
- ohne Furchung im Unterkiefer

Lebensweise:
- **Einzelgänger (territorial)** von Frühjahr bis Sommer (nach Brunft)
- Reviermarkierung der sozial reifen Böcke (meist ab 3 Jahren) durch **Fegen (Stirnlocke), Plätzen (Zwischenzehendrüsen)** und Drüsen am Sprunggelenk der Hinterläufe **(Kastanien)**
- soziale Bindung nur zwischen Geiß und Kitz
- **im Winter Notgemeinschaften** (Sprünge)

Äsung: Wiederkäuer (pflanzliche Nahrung); Konzentratselektierer

Fortpflanzung:
- Blattzeit (Juli–August): Bock sucht brunftige Geiß, Schmalreh (diese locken durch Fiepen)
- Bock treibt Geiß/Ricke (Hexenringe)
- Keimruhe(Eiruhe, Diapause) bis Dezember
- Setzzeit Mai–Juni (1 bis 3 Kitze, meist 2)

Geweihentwicklung:
- Bockkitz: August Beginn der Bildung von Rosenstöcken

- Schieben des Erstlingsgehörns (Knöpfe ohne Rosen) im Herbst
- Dezember–Januar: Fegen der Knöpfe
- Januar–Februar: Abwurf des Erstlingsgehörns und anschließend Schieben des Jährlingsgehörns
- Mai–Juni: Fegen des Jährlingsgehörns
- Abwerfen: November–Dezember (alt vor jung)
- Fegen: März–Mai (alt vor jung)

Gehörn:

- unabhängig vom Alter: Spießer, Gabler oder Sechser gerade bzw. ungerade
- Perückengehörn als Folge von Verletzungen des Kurzwildbrets oder einer Hormonstörung

Zahnwechsel:

Molare 1 bis 3 mit 3, 6, 12 Monaten
Wechsel dritter Prämolar mit ca. 12 Monaten (dreiteilig zu zweiteilig)
Wechsel mit ca. 12–13 Monaten abgeschlossen (32 Zähne)
Kunde am MI mit ca. 5 Jahren verschwunden

Folgende Regel gilt für während der Jagdzeit gefallenes Wild:
Gebiss unvollständig: Kitz
Gebiss vollständig, fragmentartig, Zähne im Zahnwechsel, PIII sitzt evtl. noch auf P3: Jährling oder Schmalreh
Gebiss vollständig, PIII ist 2-tlg.: 1 Jahr oder älter

Altersstufen, Abschussquoten:

- Jugendklasse:
  - Kitze, Jährlinge, Schmalrehe (mindestens 60 % des Abschusses)
- Altersklasse: 2 Jahre und älter (höchstens 40 % des Abschusses)

Abschussplanpflicht:

- je nach Bundesland (siehe Tabelle S. 162)
- In einigen Ländern müssen Abschussvereinbarungen zwischen Jagdpächter und Verpächter getroffen werden.
- In staatlichen Regiejagden werden in einigen Ländern Abschusszielsetzungen vereinbart zwischen Revierbeamten und Dienstbehörde (Forstamt).

Sonstiges:

- Trughirsch
- Konzentratselektierer
- i. d. R. ohne Grandeln
- suhlt nicht
- Verbiss- und Fegeschäden, keine Schälschäden

Reifealter ab 6 Jahren

Jagdzeit:

- Böcke, Schmalrehe: 1.5.–31.1.
- Ricken, Kitze: 1.9.–31.1.

Elchwild

Allgemeines:

- Trughirsch
- feuchte Waldgebiete in Skandinavien und Russland
- Einzelgänger
- Konzentratselektierer
- Schaufelelch bzw. Stangenelch
- 32 Zähne
- jagdbar (keine Schusszeit)

Wichtige Kenndaten Cerviden

	Brunft	Setzzeit	Fegen	Abwerfen
Rotwild	September bis Anfang Oktober	Anfang Juni (1 Kalb)	**Alt:** ab Ende Juli bis August **Schmalspießer:** September	**Alt:** Ende Februar bis März **Jung:** Mai
Damwild	Oktober bis Anfang November	Juni (1 Kalb)	August bis September	April bis Mai
Rehwild	Juli bis Anfang August (Blattzeit)	Mai bis Juni (1–3 Kitze)	März bis Mai	November bis Dezember

Merke: alt fegt zuerst, jung färbt zuerst

Warum ist die Setzzeit im Mai–Juni? Weil dann für Pflanzenfresser der Tisch reich gedeckt ist und für Fleischfresser ebenfalls durch genügend Jungwild.

Die Beute reguliert den Räuber!

Boviden allgemein

In der mündlich-praktischen Jägerprüfung stehen im Wesentlichen Muffelwild sowie Gamswild im Fokus (weniger Steinwild und Wisent).

Gemeinsamkeiten der Boviden:

- beide Geschlechter tragen Kopfschmuck aus Horn
- dauerhaftes, basales Wachstum (kein Abwerfen) des Kopfschmucks
- lange Zahnentwicklung (> 40 Monate)
- keine Grandeln (32 Zähne)
- Gallenblase vorhanden
- Altersbestimmung am Gehörn (Schläuche, Krucken) möglich

Muffelwild

Bezeichnungen:

- 1. Lebensjahr: Widder- und Schaflamm
- 2. Lebensjahr: Jährling und Schmalschaf
- 3. Lebensjahr: Widder und Schaf

Lebensraum:

- ursprünglich aus Korsika, Sardinien
- bei uns in trockenen, felsigen Mittelgebirgslagen; auch auf Sandböden (Lüneburger Heide)
- Abnutzung der Schalen muss gewährleistet sein, sonst Gefahr von Schalenauswachsern (Schnabelschuhbildung, Aufbrechen der Schalen, Entzündung, Moderhinke)

Äsung:

Wiederkäuer (pflanzliche Nahrung); Raufutterfresser

Lebensweise:

- gesellig in Rudeln, getrennt nach Geschlechtern
- Altböcke in kleinen Trupps
- tagaktiv

Fortpflanzung:

- Brunft: Oktober–November (Frontalkampf der Widder)
- Setzzeit: April 1–2 Lämmer, u. U. Herbstlämmer

Kopfschmuck/Schnecken:

- Wachstumsbeginn mit drei Monaten
- stärkstes Wachstum in den ersten 3 Jahren
- reif mit ca. 7 Jahren (Schneckenspitze erreicht Höhe der Lichter)
- unerwünscht: Einwachser und Scheurer

Abschussplanpflicht:

Ja, in Bewirtschaftungsbezirken.
Dort müssen Hegegemeinschaften gebildet werden.

Sonstiges:

- Widder ab 2. Lebensjahr meist mit Sattelfleck (Schabracke)
- Schafe teilweise mit kleinen Stümpfen
- Raufutterfresser
- Waldschaf
- Reifealter: ab 7 Jahre

Jagdzeit:

- Widder, Schafe, Lämmer: 1.8.–31.1.
- Jährlinge, Schmaltiere:1.5.–31.1.

Gamswild

Bezeichnungen:

- 1. Lebensjahr: Bockkitz, Geißkitz
- 2. Lebensjahr: Jährling, Schmalgeiß
- ab 3. Jahr: Gamsbock, Gamsgeiß

Lebensraum:

Alpine Hochlagen (Alpen/Schwarzwald), oberhalb Baumgrenze – im Winter tiefer

Äsung:

Wiederkäuer (pflanzliche Nahrung); Raufutterfresser

Lebensweise:

- gesellig in Rudeln, getrennt nach Geschlechtern; Scharwild; Böcke in Trupps
- Altböcke Einzelgänger
- tagaktiv

Fortpflanzung:

Brunft: November–Dezember
(Verfolgungskämpfe zwischen den Böcken im Tiefschnee. Böcke verausgaben sich, dadurch kommt es zu Winterverlusten.)
Setzzeit: Mai–Juni 1 (2) Kitze
(Geiß setzt meist erst im 4. Lebensjahr)

Gehörn, Krucken:

- Wachstumsbeginn mit 3 Monaten
- stärkstes Wachstum in den ersten 5 Jahren, anschließend nur noch Millimeterringe
- Bock: stark gehakelt, runde Schläuche, stärkerer Durchmesser
- Geiß: schwach gehakelt/oval/schwächerer Durchmesser

Sonstiges:

- Aalstrich
- Zügel
- Brunftfeigen
- Gamsbart
- Mischäser
- Gamsblindheit
- Gamsräude

Bejagung:

Sommergams, Wintergams

Steinwild

Allgemeines:

- Ziegenart
- Hochlagen der Alpen
- Fahlwild
- gesellig (getrennt nach Geschlechtern)
- Brunft: Dezember–Januar
- Setzzeit: Juni (1–2 Kitze)
- Bezoare
- Herzkreuzel
- unterliegt Jagdrecht (BJG); keine Schusszeit

Wisent

Allgemeines:

- Wildrind
- Mischwälder in Polen und Russland, in Deutschland in Parks
- gesellig
- jagdbar nach BJG (keine Schusszeit)

Wichtige Kenndaten Boviden

	Brunft	Setzzeit	Hornwachstum
Muffelwild	Oktober bis November	April, 1–2 Lämmer	beginnt mit ca. 3 Monaten
Gamswild	November bis Dezember	Mai bis Juni, 1–2 Kitze	beginnt mit ca. 3 Monaten

Schwarzwild (nicht wiederkäuendes Schalenwild)

Bezeichnungen:

- 1. Lebensjahr: Frischlingskeiler, Frischlingsbache
- 2. Lebensjahr: Überläuferkeiler, Überläuferbache
- ab 3. Lebensjahr: Keiler, Bache

Lebensraum:

urspr. Sumpfbewohner, heute Mischwälder + angrenzende Feldmark, Kulturfolger

Äsung/Nahrung:

Allesfresser:
pflanzliche Nahrung, tierische Nahrung (Aas, Insekten, Mäuse, Maden, Würmer, Forstschädlinge); breites Nahrungsspektrum, daher die meisten Zähne

Lebensweise:

- gesellig in Rotten – geführt von der ältesten Bache (Leitbache)
- alle weiblichen Nachkommen bleiben in der Rotte
- Überläuferkeiler müssen, spätestens wenn sie die weiblichen Stücke beschlagen wollen (Inzucht), die Rotte verlassen und bilden mit ca. 18 Monaten Überläuferrotten.
- Keiler ab 24 Monaten sind Einzelgänger.

Fortpflanzung:

- Rauschzeit: November–Januar (ganzjährig möglich)
- Keiler ziehen zu den Rotten (Rivalenkämpfe)
- Tragzeit: 3 Monate/3 Wochen/3 Tage

- Frischzeit: Februar–Mai/Wurfkessel
- junge Bachen: 2–4 Frischlinge
- ausgewachsene Bachen: 6–10 Frischlinge (nur 8 überleben, da nur 8 produktive Zitzen und zitzentreues Säugen – wird teilweise angezweifelt)
- Besonderheit: Leitbache sorgt für Rauschsychronisation in der Rotte
- bei Abschuss der Leitbache: Rauschchaos (umstrittene Theorie)
- Man sagt: Die meisten Frischlinge (innerhalb einer Population) stammen von Frischlingen.

Zahnwechsel:

- Eckzahnwechsel mit ca. (10), 11 Monaten
- Schneidezahnwechsel mit 12 bis 24 Monaten (mittlere 4 Schneidezähne erst mit 24 Monaten gleich lang)
- Molare 1 bis 3 mit 6, 14, 24 Monaten
- Zahnwechsel mit ca. 24 Monaten abgeschlossen (44 Zähne)
- Milchgebiss: 28 Zähne

Altersstufen (Abschussquoten):

- Jugendklasse: Frischlinge und Überläufer (mindestens 75 %)
- Altersklasse: ab 24 Monate (maximal 25 %)

Krankheiten: Schweinepest (ASP und ESP), Räude, Trichinen und andere

Bejagung:

- stets das schwächste, verwertbare Stück in der Rotte erlegen
- Leitbachen absolut schonen
- gezielter Bachenabschuss (nicht führend) im November bis Januar
- Jagdzeit ganzjährig

Sonstiges:

- Stammform des Hausschweins, daher gelegentlich gescheckte Sauen in freier Wildbahn
- gespaltene Deckhaare
- Saubart (Federn)
- Äfterung in Fährte erkennbar
- erhebliche Wühlschäden durch Brechen in Grünland (Wildschadenproblematik im Feld)
- Suhlen und Malbäume
- Allesfressergebiss mit starken Eckzähnen (Bache: massive geschlossene Haken, Keiler-Gewaff hohl und offen)
- Keiler: Gewehre im Unterkiefer, Haderer im Oberkiefer(beides zusammen bildet das Gewaff)
- Reifealter ab 6 Jahren

Haarraubwild (Raubtiere)

Gemeinsamkeiten:

- Raubtiergebiss mit Fangzähnen (Eckzähne) und Reißzähnen (P4/MI)
- Raubtiermagen (extrem dehnbar)
- Jungtiere sind Nesthocker (blind und leicht behaart)
- Fleisch- oder Allesfresser

Familien: Hunde, Katzen, Marder, Kleinbären, (Robben)

Fuchs (Hundeart)

Bezeichnungen: Welpen (Hecke oder Geheck), Rüde, Fähe

Lebensraum:

- flächendeckend in Deutschland
- Kulturfolger

Nahrung:

- Überwiegend Fleischfresser: Mäuse, Jungwild, Aas, Vögel, Hühner, Tauben, teilweise Obst und Beeren
- Der Fuchs gilt als Seuchenpolizist und ist im Wald durchaus nützlich. In Niederwildrevieren ist er Hauptprädator.

Lebensweise:

- territorialer Einzelgänger
- Markierung durch Losung und Viole
- nachtaktiv
- Sauwetter ist Bauwetter
- Bau nicht gepolstert
- Bau relativ unordentlich durch herumliegende Beutereste

Fortpflanzung:

- Ranz: Januar–Februar
- Tragzeit: 53 Tage
- Wölfzeit: April (4–6 Junge)
- 3 Wochen ausschließlich Säugen, dann Zufütterung (Erbrochenes), danach Zutragen (Mäuse)

Sonstiges:

- Lunte, Blume, Viole
- Rot-, Birk-, Kohl- und Kreuzfuchs (zufällige Farbvarianten)
- Raubtiergebiss (42 Zähne)
- Nahrungsgeneralist
- Tollwut, Fuchsbandwurm, Räude

Jagdzeit: 1.8.–28.2

Lernen Sie die Daten vom Fuchs (oder Hund) und schließen Sie davon auf das andere Raubwild: mehr Nachkommen oder weniger, nackt bzw. blind geboren, Fortpflanzungszeit früher oder später usw.

Marderhund, Enok (Hundeart)

Allgemeines:

- Wild
- Herkunft: Ostasien
- einfarbige Rute
- Feuchtgebiete
- Bau
- nachtaktiv
- Winterruhe
- bellt nicht
- klettert nicht
- Nahrungsgeneralist
- Faunenverfälscher (invasive Art)
- Ranzzeit: Februar–März
- keine Eiruhe
- 4–8 Junge nach ca. 63 Tagen im April (Mai)
- jagdbar gemäß LJG, Jagdzeit 1.8.–28.2.

Waschbär (Kleinbär)

Allgemeines:

- Wild
- Herkunft: Nordamerika
- geringelte Rute
- Kulturfolger
- nachtaktiv

- Winterruhe
- Nahrungsgeneralist
- Faunenverfälscher (invasive Art)
- Ranzzeit: Februar–März
- keine Eiruhe
- 4–8 Junge nach ca. 63 Tagen im April (Mai)
- jagdbar gemäß LJG, Jagdzeit 1.8.–28.2.

Steinmarder/Baummarder (echte Marder)

	Steinmarder (Hausmarder)	Baummarder (Waldmarder)
Kennzeichen	• weißer, gegabelter Kehlfleck • braunes Fell mit weißer Unterwolle • fleischfarbene Nase • unbehaarte Sohlen • letzter Molar im Oberkiefer eingekerbt („Stein – ein")	• gelblicher, ovaler, nicht gegabelter Kehlfleck • braunes Fell mit gelber Unterwolle • kaffeebraune Nase • Sohlen behaart • letzter Molar im Oberkiefer ausgebuchtet („Baum –aus")
Lebensraum	• flächendeckend in Deutschland • Kulturfolger • Tagesversteck in Schuppen, Stein- und Holzhaufen • sehr häufig in der Nähe von menschlichen Siedlungen (Dorfrandgebiete) vorkommend	• typischer Waldbewohner • Kulturflüchter • Tagesversteck: hohle Bäume, Eichhörnchenkobel, Holzhaufen, Reisighaufen
Lebensweise	• territorial • nachtaktiv	• territorial • teilw. tagaktiv
Zähne	• 38 Zähne (Raubtiergebiss)	• 38 Zähne (Raubtiergebiss)
Ernährung	• Kleinsäuger • Eier • Hausgeflügel • Beeren • Obst	• Kleinsäuger • Vögel, Tauben • Beeren • Obst • Eier
Fortpflanzung	• Ranz: Juli–August • Eiruhe • April (2–6 Junge)	• Ranz: Juli–August • Eiruhe • April (2–6 Junge)
Sonstiges	• Weißkehlchen • Marderpaarsprung	• Gelbkehlchen • Marderpaarsprung
Jagdzeit	1.8.–28.2.	1.8.–28.2.

Dachs (echter Marder)

Bezeichnungen: Welpen, Rüde, Fähe

Lebensraum: Laubmischwälder bis Mittelgebirge

Lebensweise:

- gesellig
- Sippe beansprucht Territorium
- Markierung durch „Stempeln" (Analdrüse)
- Kessel im Bau ausgepolstert
- Winterruhe

Fortpflanzung:

Ranz:
- Juli–August

Setzzeit:
- Februar–März (2–4 Junge) nach variabler Eiruhe

Zähne:

38 Zähne (Raubtiergebiss)

Ernährung:

Allesfresser (insbesondere Regenwürmer, Obst, Kleinsäuger)

Sonstiges:

- Verkehrtfärbung
- schwarze Zügel
- kurzer Pürzel
- Sohlengänger
- Dachskamm
- Geschleif
- Dachsrinne
- Dachsabort
- nagelt
- Bau wirkt aufgeräumt, i. d. R. kaum umherliegende Beutereste

Jagdzeit:

1.8.–31.12.

Fischotter (echter Marder)

Allgemeines:

- Schwimmhäute
- Bioindikator für saubere Fließgewässer
- vom Aussterben bedroht
- Kulturflüchter
- Hauptnahrung: Fische (Schädling in Fischzuchten)
- keine Eiruhe
- streng geschützt
- gemäß BJG dem Jagdrecht unterliegend
- ganzjährig geschont

Iltis (Stinkmarder)

Kennzeichen:

- Verkehrtfärbung
- dunkle Augenbinde
- fast weiße Nase

Lebensraum:

bevorzugt Feuchtgebiete in der Feldmark

Lebensweise:

- territorial
- nachtaktiv

Fortpflanzung:

- Ranz: Februar–März ohne Eiruhe
- nach 6 Wochen 3–7 Junge

Ernährung:

- Amphibien
- Kleinsäuger
- Reptilien
- Lebendkonservierung mittels Nackenbiss (Frösche, Kröten)

Sonstiges: Geschlechtsdimorphismus (Rüden doppelt so stark wie Fähen)

Jagdzeit: teils mit Jagdzeit, teils ganzjährig geschont

Großes Wiesel/Kleines Wiesel (Stinkmarder)

	Großes Wiesel (Hermelin)	Kleines Wiesel (Mauswiesel)
Kennzeichen	im Sommer braun, im Winter weiß – stets mit dunkler Rutenspitze	ganzjährig braun ohne dunkle Rutenspitze
Lebensraum	offene Feldflur	offene Feldflur
Lebensweise	• territorial • Einzelgänger	• territorial • tag- u. nachtaktiv • Einzelgänger
Ernährung	• Kleinsäuger (Mäuse) • Eier • Beeren • usw.	• Kleinsäuger (Mäuse) • Eier • Beeren • usw.
Fortpflanzung	• Ranz: April–Juli • Tragzeit variabel mit Eiruhe • im März–April, 4–7 Junge	• Ranz ganzjährig • nach 5 Wochen ohne Eiruhe werden 4–7 Junge geboren
Sonstiges	• Rüden stärker als Fähen • Jagdzeit 1.8.–28.2. (Länderrecht) • unterliegt je nach Land dem Jagdrecht	• Rüden stärker als Fähen • unterliegt je nach Land dem Jagdrecht

Wildkatze (Katze)

Bezeichnungen: Kuder (Kater), Kätzin

Kennzeichen:

- **geringelte Rute**
- **stumpfe Rutenspitze**
- Darmlänge kürzer als bei Hauskatze
- runder Schädel
- große, nach vorne gerichtete Augenhöhlen
- **Spur ohne Krallen**

Lebensraum: **Waldbewohner**, Mittelgebirge

Zähne: 30 (28) Zähne (Raubtiergebiss)

Lebensweise: territorialer Einzelgänger

Fortpflanzung:

- Ranz: Februar–März
- Wölfzeit: April (5–7 Junge)

Ernährung: Nahrungsspezialist (nur Fleisch, insbesondere Mäuse und Vögel)

Sonstiges:

- Kreuzung mit Hauskatze theoretisch möglich (Blendling)
- ganzjährig geschont und zugleich streng geschützt

Luchs (Katze)

Bezeichnungen: Kuder (Kater), Kätzin

Kennzeichen:
- Stummelrute
- Pinselohren

Lebensraum: große ruhige Waldgebiete

Äsung: Fleischfresser; ca. pro Woche 1 Reh

Lebensweise: territorialer Einzelgänger

Ernährung:
- Nahrungsspezialist: nur Fleisch
- **Ansitzjäger**
- Raubtiergebiss (28 Zähne)

Fortpflanzung:
- Februar–März
- 2–3 (4) Junge
- 10–11 Wochen Tragzeit

Sonstiges: ganzjährig geschont und streng geschützt

Hasentiere

Gemeinsamkeiten:
- reine Pflanzenfresser
- Stiftzähne hinter den Schneidezähnen im Oberkiefer
- nagerähnliches Gebiss mit 28 Zähnen

Hase/Kaninchen

	Hase	Kaninchen
Kennzeichen	• lange Löffel, mit schwarzer Spitze • lange Hinterläufe • helles Auge • dunkles Fleisch • 3–4 kg Lebendgewicht • runde, breite Gaumenöffnung (apfelförmig)	• kurze Löffel, ohne schwarze Spitze • kurze Hinterläufe • dunkles Auge • Lebendgewicht: 1,5–2,5 kg • ovale, längliche Gaumenöffnung (birnenförmig) • wippende Blume
Lebensraum	• Feldflur (Wald), besonders warmes Klima, Kulturlandschaften	• ursprünglich: Mittelmeerraum • Feldflur • Kulturfolger
Lebensweise	• Einzelgänger (nicht territorial) • ruht in Sasse • Langstreckenflüchter	• gesellig in Kolonien • Bau • Kurzstreckenflüchter
Äsung	• Gräser • Kräute (Heilpflanzen) • Klee • Knospen • Rinde (Prossholz)	• wie Hase, aber Randzonenfraß

Fortpflanzung	• Rammelzeit: Januar bis Oktober • 42 Tage Tragzeit • 3 Mal jährlich 3–(4) Junge • sehend und behaart in Sasse • säugen 2–3 mal täglich (nachts) • Jagdlich der wichtigste Satz ist der 1. Satz im März. Im März steht auf den Feldern und Wiesen oft noch viel Wasser, wodurch die gesetzten jungen Hasen durch Erkältungskrankheiten u. A. nicht überleben können. Der 2. Satz im Frühsommer und der 3. Satz im Hochsommer haben wesentlich bessere Überlebenschancen. Wenn der 1. Satz nicht überlebt, kann dies für eine gute Hasenstrecke meist nicht mehr aufgeholt werden.	• Rammelzeit: Februar bis Oktober • 28 Tage Tragzeit • bis 6 Mal jährlich bis zu 6 Junge • nackt und blind in Setzröhre
Sonstiges	• Superfötation • Altersschätzung am Strohschen Zeichen • 28 Zähne	• bei Gefahr trommeln mit Hinterläufen • 28 Zähne
Krankheiten	• Kokzidiose • Pseudotuberkulose • EBHS • u.a.	• Myxomatose • RHD • u.a.
Jagdzeit	1.10.–31.12.	ganzjährig

Alpenschneehase

Aussehen:
- Sommer: graubraun + schwarze Löffelspitzen
- Winter: schneeweiß + schwarze Löffelspitzen

Allgemeines:
- in den meisten Bundesländern kein Wild
- allgemein geschützt
- lebt in Hochlagen der Alpen
- 2 Mal jährlich 2 Junge
- 50 Tage Tragzeit
- Kreuzung mit Feldhase möglich

Nagetiere

Gemeinsamkeiten:
- keine Stiftzähne
- große Nagezähne
- Allesfresser oder Pflanzenfresser

Arten: Alpenmurmeltier, Biber, Nutria, Bisam, (Mäuse, Ratten, Bilche)

Alpenmurmeltier (Mankei)

Bezeichnungen: Mankei, Bär, Katze, Affe

Lebensraum: Hochlagen der Alpen (oberhalb Baumgrenze)

Äsung: Alpengräser, Kräuter, Wurzeln, pflanzliche Nahrung

Lebensweise:

- gesellig in Sippen
- im Bau (Sommerbau, Winterbau)
- tagaktiv
- echter Winterschläfer
- Vegetarier
- Hauptfeind: Steinadler

Fortpflanzung:

Bärzeit: April–Mai; 2–6 Junge (nackt und blind)

Sonstiges:

- Pfeifen
- Haarwechsel nur im Frühjahr
- Winterbau – Sommerbau
- kein Wild in einigen Bundesländern, da dort kein Vorkommen

Biber

Allgemeines:

- kein Wild
- Biberkelle
- Flusslandschaften
- Biberburgen/gesellig/Vegetarier – Knospen – fällen Bäume/streng geschützt
- 20 Zähne

Darf im Rahmen von Bibermanagementplänen durch naturschutzrechtliche Regelungen bei übermäßigen Schäden entnommen werden (z. B. in Bayern und Schleswig-Holstein).

Nutria (Sumpfbiber)

Allgemeines:

- Herkunft Südamerika
- zählen zu Nagern
- bis 10 kg
- runder Schwanz
- überwiegend Vegetarier (keine Trichinenschau)
- Paarungszeit ganzjährig
- Tragzeit: 16–20 Wochen
- 1–2 Würfe pro Jahr
- 4–7 Junge
- Schneidezähne intensiv rotbraun gefärbt
- 20 Zähne
- Faunenverfälscher, invasive Tierart
- Kein Wild nach BJG, nach LJG meist für jagdbar erklärt

Bisam

Allgemeines:

- kein Wild
- Herkunft: Nordamerika
- reiner Vegetarier
- Wühlmaus (Wühlschäden an Gewässern und Teichen)
- seitlich abgeplatteter Schwanz
- Faunenverfälscher
- allgemein geschützt
- Nagetier
- 20 Zähne

Wichtige Kenndaten

	Fortpflanzung	Setzzeit (Jungenzahl)	Besonderheiten
Fuchs	Ranz: Januar–Februar	53 Tage Wölfzeit, April; (4–6)	• Schnüren • Viole
Stein- und Baummarder	• Ranz: Juli–August • Eiruhe	• April; (2–6) • Kulturfolger	• Steinmarder: weißer, gegabelter Kehlfleck • Baummarder: gelber, nicht gegabelter Kehlfleck
Dachs	• Ranz (Rollzeit): Juli–August • Eiruhe	Februar–März; (2–4)	• nagelt • Verkehrtfärbung • Dachsabort
Iltis	• Ranz: Februar–März • keine Eiruhe	nach 6 Wochen; (3–7)	• Lebendkonservierung • Verkehrtfärbung
Großes Wiesel (Hermelin)	Ranz: April–Juli	variabel, mit oder ohne Eiruhe; März–April; (4–7)	Luntenspitze im Sommer und Winter schwarz; Körper im Winter weiß
Kleines Wiesel (Mauswiesel)	Ranz: ganzjährig	nach 5 Wochen; (4–7)	braune Luntenspitze, Körper im Sommer und Winter braun
Wildkatze	Ranz: Februar–März	April; (5–7)	Blendling
Luchs	Ranz: Februar–März	nach 10–11 Wochen; (2–3)	• Stummelrute • Pinselohren
Hase	Rammelzeit: Januar–Oktober	42 Tage Tragzeit ab März; (3 x 3)	• über der Erde • Sasse
Kaninchen	Rammelzeit: Februar–Oktober	28 Tage Tragzeit ab März; (6 x 6)	in Kolonien im Bau
Alpenmurmeltier	Bärzeit: April–Mai	2–6	• Winterschlaf • Bär, Katze, Affen

Merke:

- breites Nahrungsspektrum: viele Zähne
- Äsungsspezialisten haben weniger Zähne (überflüssige sind in der Evolution weggefallen).
- 44 Zähne: Allesfresser (Schwarzwild)
- 42 Zähne: Hundeartige
- 38 Zähne: echte Marder
- 34 Zähne: Wiederkäuer mit Grandeln
- 32 Zähne: Wiederkäuer ohne Grandeln
- 28 Zähne: Hasentiere
- 22 Zähne: Nager (Murmeltier)
- Das Milchgebiss umfasst meist 28 Zähne.
- Zahlenreihe: 44, 42, 38, 34, 32, 28

Sonstige Merksätze:

Der Hase hat so viele Tage Tragzeit, wie der Fuchs Zähne hat (42).
Die Fortpflanzungszeit (Ranz) ist bei Haarraubwild mit Eiruhe wie bei Rehwild im Juli–August.
Raubwild ohne Eiruhe hat Ranz Feb–März, außer Fuchs (Jan–Feb). Die Jungen müssen spätestens im April gewölft werden (blind), damit sie im Mai ihre ersten Streifzüge unternehmen können.
Das Wildkaninchen hat so viele Tage Tragzeit, wie es Zähne hat (28).

Kapitel 1.2
Federwild (mit gewisser jagdlicher Bedeutung)

Es geht bei der Aufzählung der Wildtierarten hier nicht um eine vollständige (zoologische oder jagdrechtliche) Auflistung, sondern es handelt sich um ein für die mündliche Jägerprüfung erstelltes Repetitorium, in dem eine Auswahl der relevantesten Arten getroffen wurde.

Feldhühner: Fasan, Rebhuhn, Wachtel, Wildtruthuhn

Waldhühner: Auerwild, Birkwild, Rackelwild, Haselwild

Tauben: Ringeltaube, Türkentaube

Schwäne: Höckerschwan

Gänse: Saatgans, Graugans, Kanadagans, Blässgans, Ringelgans, Nilgans

Enten: Stockente, Schnatterente, Krickente, Spießente, Knäkente, Löffelente, Tafelente, Reiherente, Pfeifente, Bergente, Trauerente, Samtente

Reiher: Graureiher

Schnepfen: Waldschnepfe

Rallen: Blässhuhn

Möwen: Lachmöwe, Sturmmöwe, Heringsmöwe, Silbermöwe, Mantelmöwe

Greifvögel: Habicht

Rabenvögel: Rabenkrähe, Elster

Damit das Lernen nicht ins Uferlose hinauswächst, bedenken Sie bitte, dass eigentlich nur die nachgenannten Federwildarten für die praktische Bejagung in Deutschland eine gewisse Rolle spielen. Detaillierte Kenntnisse für diese Arten sind ein **MUSS:**

- Fasan
- Ringeltaube
- Graugans, Kanadagans, Nilgans
- Stockente
- Waldschnepfe
- Blässhuhn
- Rabenkrähe und Elster

Ordnung: Tauben

Ringeltaube, Türkentaube, Turteltaube, Hohltaube

Gemeinsamkeiten:

- Ringel- und Türkentaube unterliegen dem Jagdrecht. Jagdzeit haben die Ringel- und die Türkentaube nur in 8 Bundesländern (BW, BY, BB, HB, MV, NI, SH, TH).
- leben alle monogam
- Außer Hohltaube (Höhlenbrüter) sind alle Baumbrüter (einfache Offennester).
- Nach 17 Tagen Brut werden Junge mit Kropfmilch beider Elterntiere ernährt.
- Eikonstanz mit 2 Eiern – 2 bis 3 Bruten pro Jahr (Schachtelbrut)
- keine Gallenblase; können Wasser saugend aufnehmen; Puderdaunen

	Ringeltaube	Türkentaube	Turteltaube	Hohltaube
Erkennung	weißer Halsfleck (im Jugendkleid fehlend), weißes Flügelband	dunkler Nackenstreif	purpurfarbener Halsfleck	weißer Halsfleck mit dunklen Streifen
Zugverhalten	Teilzieher bis Standvogel	Stand bis Strichvogel	Teilzieher	Zugvogel
Besonderheiten	• klatschender Flügelschlag • früher: Balzjagd „Auerhahn des kleinen Mannes" • Jagdzeit: 1.11.–20.2.	• überwiegend in Siedlungsnähe • Jagdrecht	• kleinste Taube • Naturschutz	• Baumhöhlenbrüter (beispielsweise in Schwarzspecht-höhlen) • Naturschutz (überwiegend)

Ordnung: Hühnervögel

Gemeinsamkeiten der Hühnervögel:

- Bodenbrüter, Nestflüchter
- Körnerfresser mit ausgeprägtem Kropf und starkem Muskelmagen mit Waidkörnern
- Küken benötigen zunächst tierische Nahrung (Insekten)
- Standvögel (außer Wachtel)

Waldhühner (Raufußhühner)	Feldhühner (Glattfußhühner)
Auer-, Birk-, Rackelwild, Alpenschneehuhn, Haselwild (Rackelwild ist eine Kreuzung zwischen Auer- und Birkwild)	Rebhuhn, Fasan, Wachtel, Steinhuhn
6–10 Eier/ca. 28 Tage Brutdauer	10–20 Eier/ca. 24 Tage Brutdauer
Rosen über den Augen	Rosen um die Augen
Kulturflüchter	Kulturfolger
Balzstifte im Winter	keine Balzstifte
Ständer voll befiedert	Ständer unbefiedert
ganzjährig geschont	Rebhuhn und Fasan mit Jagdzeiten

Waldhühner (Raufußhühner)

	Auerwild	Birkwild	Schneehuhn	Haselwild
Lebensraum	lichte Wälder mit Beerkrautschicht in Mittel- und Hochgebirge	Moor- und Heidelandschaften, Mattenregion der Alpen	Alpen – oberhalb Baumgrenze	Niederwälder
Lebensweise	polygam	polygam	monogam	monogam
Besonderheiten	• Baum- und Bodenbalz • Altersschätzung am Oberschnabel und an Schaufelfedern • Hochwild • Abschussplan • Nachtjagd zulässig • Jagdrecht, keine Jagdzeit in D	• Arenabalz – Damenwahl • Altersschätzung an Sicheln – je älter, umso mehr (4 bis 8) und gekrümmter • Abschussplan • Nachtjagd zulässig • Jagdrecht, keine Jagdzeit in D	• Gänge unter Schnee • Sommer: braun-weiß gefärbt • Winter: weiß gefärbt • Hahn mit schwarzen Zügeln • Naturschutz	• Hahn mit schwarzem Kehlfleck und Holle • sehr heimlich • Verlobung im Herbst • Jagdrecht, keine Jagdzeit

Feldhühner (Glattfußhühner)

	Rebhuhn	Fasan	Wachtel	Steinhuhn
Lebensraum	grenzlinienreiche Kulturlandschaft	grenzlinienreiche Kulturlandschaft 6 „W"	insbesondere Getreideschläge	Mattenregion der Alpen
Lebensweise	• monogam • Kette bleibt über Winter zusammen • mehrere Ketten bilden ein Volk • Stumpfkette: Zusammenschluss von Althühnern	• polygam • Hahn an Aufzucht nicht beteiligt • Henne und Jungvögel = Gesperre, bleibt bis Herbstmauser zusammen	• polygam • auch Altvögel leben von Insekten	• monogam
Besonderheiten	• Henne mit Querbänderung auf Flügeldeckfedern • Hahn bewacht Kette • Jungvögel: schwarzer Schnabel, gelbe Ständer • Altvögel: grauer Schnabel, graue Ständer • ganzjährig geschont • Ausnahme: bei gesichertem Besatz mit Genehmigung Bejagung möglich vom 1.9. bis 31.10.; in einigen Bundesländern ganzjährig geschont.	• je älter der Hahn, desto länger der Sporn • Schlafbäume • Wildschadensersatz • Herkunft: Asien • Es werden in der Regel nur Hähne erlegt • Jagdzeit: 1.10. bis 15.1.	• Überwintern in Afrika • Wachtelschlag • jagdbar, ganzjährig geschont • kleinster Hühnervogel	• kein Wild – Naturschutzrecht

Tipp bzgl. Balzzeiten:
Mitte Januar beginnen die Eulen und Käuze, Februar Reihzeit der Enten, März/April das restliche Federwild. Den Abschluss bilden Auer- und Birkwild (Wetterlage, Schneeschmelze) im Mai.

Jägerweisheit:
„Am 1. Mai das erste Ei"

Tipp:
Einzelne Zugvögel kommen Mitte Februar, die meisten im März, Nachzügler im April/Mai. Erste Rückzieher Ende August, die meisten im September, Nachzügler im Oktober/November. Es geht um Nahrung und Nachwuchs (Arterhaltung).

Ordnung: Greifvögel

Jagdrechtliche Regelungen siehe Tabelle auf S. 166

Greifvögel

Adler	Bussarde	Milane
• Seeadler • Steinadler • Fischadler	• Mäusebussard • Raufußbussard • Wespenbussard	• Roter Milan • Schwarzer Milan

Weihen	Habichte	Falken
• Kornweihe • Rohrweihe • Wiesenweihe	• Habicht • Sperber	• Wanderfalke • Baumfalke • Turmfalke • Merlin

Gemeinsamkeiten der Greifvögel:

- tagaktiv, monogam
- 2–4 Eier, 30 bis 40 Tage Brutzeit, ca. 30 Tage Nestling, ca. 30 Tage Ästling
- Nesthocker
- Fleischfresser
- Gewölle ohne Knochen
- männliche Vögel = Terzel (Sperber = Sprinz)
- ganzjährig geschont

Tipp: Je größer die Eier, desto weniger Eier, aber umso länger die Brutdauer. Je kleiner die Eier, desto mehr Eier, aber umso kürzer die Brutdauer.

Beuteflugverhalten

Gleitstoßgreifer	Pirschfluggreifer	Stoßfluggreifer
alle Greifvögel außer Habichte, echte Falken und Fischadler	Habichte (Habicht und Sperber)	echte Falken und Fischadler
lange Schwingen – kurzer Stoß	kurze Schwingen – langer Stoß	schmale, spitze Schwingen
leben in offener Landschaft	leben im Wald und an Waldrändern	leben in offener Landschaft
schlagen am Boden nach kreisendem Gleitflug (Segelflieger)	schlagen am Boden u. in der Luft nach Überraschungsflug von Ansitzwarte aus	schlagen in der Luft nach Stoßflug mit angelegten Schwingen

Töten der Beute

Grifftöter	Bisstöter
alle Greifvögel außer Falken	Falken
• Reißhaken-Schneideschnabel • Fänge mit langen Waffen	• Reißhaken-Beißschnabel mit Falkenzahn • Hände mit kurzen Krallen
• schlagen am Boden (außer Habichte) • töten am Boden	• schlagen in der Luft (außer Turmfalke) • töten am Boden
Horstgestalter (bauen Horst)	Horstbenutzer (bauen selbst keinen Horst)

Adler (Gleitstoßgreifer und Grifftöter)

Seeadler	Steinadler	Fischadler
• größter Adler • Standvogel (Jahresvogel) • Hochwild	• stärkster Adler • Standvogel (Jahresvogel) • Hochwild	• kleinster Adler • Zugvogel
meist Baumbrüter	meist Felsenbrüter	Baumbrüter
keilförmiger Stoß	Beizvogel (bis Rehwild)	• gewinkelte Schwingen • weiße Bauchunterseite
Gleitstoßgreifer	Gleitstoßgreifer	Stoßfluggreifer/Wendezehe/rüttelt

Bussarde (Gleitstoßgreifer und Grifftöter)

Mäusebussard	Raufußbussard	Wespenbussard
• Standvogel, auch Teilzieher (Strichvogel) • häufigster Greifvogel	Zugvogel (Wintergast)	• Zugvogel (Sommergast) • Nahrung: Insektenlarven, Wespen, Waben
dunkles Auge	dunkles Auge	• gelbes Auge • Schuppenfedern im Gesicht und Hornplatten an Fängen
8 bis 12 Stoßbinden	• 1 Stoßbinde • Ständer befiedert	3 Stoßbinden

Milane (Gleitstoßgreifer und Grifftöter)

Gemeinsamkeiten: Zugvögel, „Lumpensammler", Bettelflug, Aasfresser

Roter Milan	Schwarzer Milan
Stoß stark gegabelt	Stoß leicht gegabelt

Weihen (Gleitstoßgreifer und Grifftöter)

Gemeinsamkeiten: Bodenbrüter, schlank mit dünnen Ständern, eulenartiges Gesicht, Zugvogel

Rohrweihe	Kornweihe	Wiesenweihe
• größte Weihe • beide Geschlechter braun gefärbt	• weißer Bürzelfleck • Weib braun gefärbt, Terzel grau gefärbt	• kleinste Weihe • Weib braun gefärbt, Terzel grau gefärbt

Habichte (Gleitstoßgreifer und Grifftöter)

Habicht	Sperber
Bewohner großer Waldgebiete, Standvogel	Waldrandbewohner, Standvogel
Horst im oberen Kronenbereich (begrünt)	Horst im mittleren Kronenbereich (nicht begrünt)
Beute: Terzel bis Fasan, Weib bis Hase	Beute: überwiegend Kleinvögel
• Junghabicht = Rothabicht: gelbes Auge, Brust längs getropft • Althabicht: orangefarbenes Auge, Brust quer gebändert	• Jugend- und Alterskleid: Brust quer gebändert (gesperbert) • Männchen = Sprinz

Falken (Späh- oder Stoßfluggreifer und Bisstöter/Griffhalter)

„Echte Falken"	„Unechte Falken"
• Wanderfalke und Baumfalke • schlagen Beute in der Luft	• Turmfalke und Merlin • schlagen Beute auch am Boden

Wanderfalke	Baumfalke	Turmfalke
• Standvogel • größter Falke	• Zugvogel • rote „Hosen"	• Standvogel • häufigster Falke
Felsen- und Baumbrüter	Baumbrüter	Baum- und Felsenbrüter
Beute: nur Vögel (insbesondere Tauben)	Beute: überwiegend Insekten	Beute: • überwiegend Mäuse • rüttelt bei der Jagd (daher auch Rüttelfalke genannt)
		• Terzel: grauer Kopf; 1 Stoßbinde • Weib: brauner Kopf; viele Stoßbinden

Ordnung: Eulen
(Naturschutz – streng geschützt)

Gemeinsamkeiten der Eulen:

- Bisstöter
- Horstbenutzer (wie Falken)
- nachtaktiv
- starre Augen; um 270° drehbarer Kopf
- Ohren asymmetrisch; Federschleier als Schalltrichter
- unverhakte Schwingenfedern für geräuschlosen Flug
- Wendezehe (wie Fischadler)
- Hauptnahrung: Mäuse; Gewölle mit Knochen
- Balz im Januar bzw. Februar; weiße, fast runde Eier

Schleiereule: Kulturfolger (brütet beispielsweise in Scheunen und alten Gemäuern), herzförmiger Gesichtsschleier, dunkles Auge

Uhu: größte Eule, Felsnischenbrüter, Beute bis Hasengröße

Waldohreule: deutliche Federohren, orangefarbenes Auge, Waldbewohner, brütet in verlassenen Krähen- und Greifvogelhorsten

Sumpfohreule: Bodenbrüter, Federohren unscheinbar, gelbes Auge

Waldkauz: häufigste Eule, Baumhöhlenbrüter (wie alle Käuze), dunkles Auge

Steinkauz: Baumhöhlenbrüter in Streuobstwiesen, Beute insbes. Insekten, „Totenvogel", gelbes Auge

Raufußkauz: Baumhöhlenbrüter, Wintergast in Deutschland

Sperlingskauz: kleinste heimische Eule, Baumhöhlenbrüter

Tipp: ca. 3 bis 5 Eier, Brutdauer ca. 3,5 bis 5 Wochen. Es gilt auch hier: je kleiner der Vogel, desto mehr Eier und je kleiner die Eier, desto kürzer die Brutdauer.

Tipp: Anzahl der Eier und Brutdauer etwa wie bei Greifvögeln (grobe Richtung)

Ordnung: Singvögel
Familie: Rabenvögel

Gemeinsamkeiten der Rabenvögel:

- Kulturfolger
- Allesfresser
- 3 bis 6 Eier
- ca. 17 Tage Brutzeit (wie Tauben)

Kolkrabe: besonders geschützt, Naturschutz; größter heimischer Rabenvogel, keilförmiger Stoß, Baum- und Felsenbrüter

Aaskrähen: häufigster Rabenvogel in Deutschland, Schnabelansatz im Unterschied zu Saatkrähe stets befiedert, in Deutschland zwei Unterarten (Rabenkrähe, Nebelkrähe) kreuzen sich

Rabenkrähe: Unterart der Aaskrähe, kommt (grob) westlich der Elbe vor; komplett schwarz gefärbt; Jagdrecht; jagdbar (1.8. bis 20.2.)

Nebelkrähe: Unterart der Aaskrähe, kommt (grob) östlich der Elbe vor, Teile des Gefieders grau gefärbt; Naturschutz (besonders geschützt)

Saatkrähe: besonders geschützt, Naturschutz; im Alterskleid Schnabelansatz nackt, Baumkoloniebrüter, Wintergast, überwiegend Pflanzenfresser

Dohle: besonders geschützt, Naturschutz; grauer Kopf, helles Auge, Koloniebrüter auf Bäumen und Felsnischen

Elster: Jagdrecht, jagdbar (1.8. bis 20.2.); wendiger Flieger, Bewohner heckenreicher Landschaften, kugelförmige Nester (oft mehrere) mit Zivilisationsmüll

Eichelhäher: besonders geschützt, Naturschutz (Ausnahme BY: jagdbar mit Schusszeit); bunter Waldvogel, „Hähersaat", rätschender Warnruf

Tannenhäher: besonders geschützt, Naturschutz; getropftes Gefieder, lebt in Mittel- und Hochgebirgslagen

Alpenkrähe: besonders geschützt, Naturschutz; rote Ständer und roter Schnabel, kommt nur in den Alpen vor

Alpendohle: besonders geschützt, Naturschutz; rote Ständer und gelber Schnabel, kommt nur in den Alpen vor

Ordnung: Wat- und Möwenvögel
Familie: Schnepfen

Gemeinsamkeiten der Schnepfen:

- Bodenbrüter
- Nestflüchter
- Eikonstanz (4)
- Schnabel: Stecher
- tierische Nahrung
- leben in Feuchtgebieten
- Brutdauer Waldschnepfe: ca. 3 Wochen
- Brutdauer Großer Brachvogel: ca. 4 Wochen

Waldschnepfe	Bekassine	Großer Brachvogel
• Auwälder, Feuchtgebiete • polygam	• offene Feuchtgebiete • monogam	• offene Feuchtgebiete • monogam
Teilzieher (Lagerschnepfen)	Zugvogel (Sommergast)	Zugvogel (Sommergast)
• Kopfgefieder quer gebändert • etwa taubengroß	• Kopfgefieder längs gebändert • etwa halb so groß wie eine Waldschnepfe	• Langer, gebogener Stecher • etwa doppelt so groß wie eine Waldschnepfe
• Jagdrecht • Nachtjagd erlaubt • brauchbarer Jagdhund • Jagdrecht gemäß BJG • Jagdzeit 16.10. bis 15.1.	• wird auch als „Himmelsziege" bezeichnet • Naturschutzrecht	Naturschutzrecht

Ordnung: Wat- und Möwenvögel
Familie: Möwen

Gemeinsamkeiten der Möwen: Bodenbrüter, Platzhocker, Koloniebrüter, Allesfresser, monogam, Jagdrecht

Arten: Lachmöwe, Silbermöwe, Sturmmöwe,
Heringsmöwe, Mantelmöwe (alle 5 unterliegen dem Jagdrecht BJG)

Ordnung: Enten- und Gänsevögel
Familie: Enten

Gemeinsamkeiten der Enten:

- meist Bodenbrüter
- 8 bis 14 Eier
- ca. 26 Tage Brutdauer
- Nestflüchter
- Allesfresser
- monogam (Halbjahresehe)
- Jagdrecht (Landesjagdgesetze beachten)

Schwimmenten	Tauchenten	Meeresenten
Stock-, Spieß-, Schnatter-, Krick-, Knäk-, Löffel- und Pfeifente	Kolben-, Tafel-, Moor-, Reiher-, Berg- und Schellente	Eider-, Eis-, Samt-, und Trauerente
• Stoß oberhalb Wasseroberfläche • gründeln • Senkrechtstarter • Flachgewässer	• Stoß auf Wasseroberfläche • tauchen • benötigen Anlauf zum Starten • tiefe Binnengewässer	• Stoß auf Wasseroberfläche • tauchen • Anlauf zum Starten • Leben am/im Meer in Küstennähe
Ruder in Körpermitte	Ruder in hinterer Körperhälfte	Ruder in hinterer Körperhälfte
Nahrung: Weichtiere, Insekten, Sämereien, Getreide, Wasserpflanzen	Nahrung: Pflanzenteile, Weichtiere, Krebstiere, Insekten	fressen überwiegend Fische und Weichtiere

Brandente: Halbgans, wird auch „Brandgans“ genannt; Erdhöhlenbrüter, Geschlechter beide auffällig bunt gefärbt (schwarz, weiß, rot), Erpel mit Schnabelhöcker, Küstenbewohner, Naturschutz

Nilgans: Halbgans, breitet sich im Binnenland aus, Jagdrecht nach LJG, Jagdzeit, invasive Tierart, unerwünscht

Stockente: Kulturfolger, Nest auch auf Baumstubben
junge Erpel: grüner Schnabel und 2 Erpellocken
alte Erpel: gelber Schnabel und 4 Erpellocken
Verlobung im Herbst, Erpel nicht am Brutgeschäft beteiligt
Schof = Ente + Jungvögel, Flug = mehrere Schofe

Erkennung Schwimmerpel

Stockerpel: blauer Spiegel, grüner Hals
Spießerpel: langer spitzer Stoß, weißer Halsspieß
Schnattererpel: weißer Spiegel, unruhiges Brustgefieder
Krickerpel: Halbente, grünes Augenband
Knäkerpel: Halbente, helles Augenband
Löffelerpel: Löffelschnabel
Pfeiferpel: „Blondschopf“, schwarze Schnabelspitze

Erkennung Taucherpel

Kolbenerpel: roter Kopf und roter Schnabel
Tafelerpel: roter Kopf und schwarzer Schnabel
Reihererpel: Reiherfeder
Bergerpel: schwarz-weiß-grau
Schellerpel: weißer Wangenfleck

Größte Bedeutung von allen Entenarten hat die Stockente, da sie überall vorkommt, wo sich ihr ein Lebensraum bietet. Kommt auch in Parkanlagen vor. Stockenten paaren sich auch mit Hausenten (Bastardenten).

Ordnung: Enten- und Gänsevögel
Säger

Gemeinsamkeiten der Säger:
- Ruder weit hinten (begünstigt das Tauchen)
- schmaler Schnabel mit Hornzähnen und Nagel (zum besseren Greifen von Fischen)
- Fischfresser
- Unterwasserjäger
- keine Jagdzeit

Arten: Gänsesäger, Mittelsäger, Zwergsäger

Ordnung: Enten- und Gänsevögel
Gänse

Gemeinsamkeiten der Gänse:
- kurzer Schnabel mit Hornzähnen
- ruhen nachts auf Wasser, am Tag (Äsungsaufnahme), weiden überwiegend an Land
- Lebensehe
- Flug in Keilformation
- überwiegend Bewohner von Feuchtgebieten

Feldgänse	Meeresgänse
• braungrau gefärbt • Ruder und Schnabel rötlich	• schwarz-weiß gefärbt • Ruder und Schnabel schwarz
Binnenland	Küstennähe
Graugans: fleischfarbener Schnabel, grauer Kopf (heimischer Brutvogel)	Kanadagans: weißes Kehlband (heimischer Brutvogel)
Kurzschnabel-, Saatgans: gefleckter Schnabel, brauner Kopf	Ringelgans: weißer Halsring bzw. Halsfleck
Blässgans: weiße Blässe (ähnlich Blässhuhn)	Weißwangen- oder Nonnengans: schwarz-weiß gefärbt

Auch die Nilgans, ein unerwünschter Einwanderer, wurde für jagdbar erklärt. Sie lässt sich jedoch nicht in das System von Feldgänsen und Meeresgänsen einordnen. Sie zählt zu den Halbgänsen.

Jagdzeit haben in den meisten Bundesländern nur Graugänse, Kanadagänse, Nonnengänse und Nilgänse.

Ordnung: Enten- und Gänsevögel
Schwäne

Gemeinsamkeiten der Schwäne:
- langer Hals, im Flug waagerecht
- fliegen in Reihenformation
- Lebensehe

Arten: Höckerschwan, Singschwan, Zwergschwan

Höckerschwan unterliegt dem Jagdrecht, teilweise mit Schusszeit. Die übrigen Arten unterliegen dem Naturschutz.

Ordnung: Ruderfüßler
Kormorane

Gemeinsamkeiten der Kormorane:

- Schnabel mit Nagel
- Ruder weit hinten
- keine bzw. verkümmerte Bürzeldrüse
- typische Trocknungsstellung
- Fische als Nahrung
- Koloniebrüter
- Naturschutzrecht

Arten: Kormoran, Zwergscharbe, Krähenscharbe

Der Kormoran kann große Schäden an Fischbeständen (insbes. in Fischzuchten) anrichten. Er unterliegt i. d. R. nicht dem Jagdrecht. Sondergenehmigungen für Abschuss teils möglich.

Ordnung: Lappentaucher

Gemeinsamkeiten:

- Ruder extrem weit hinten
- Schwimmlappen an den Rudern
- dolchartiger Schnabel
- Fischfresser
- Schwimmnest mit „Zentralheizung“
- Küken oft huckepack

Arten: Haubentaucher, Zwergtaucher, Rothalstaucher, Schwarzhalstaucher; alle Arten unterstehen Naturschutz

Ordnung: Kranichvögel
Familie: Trappen

Großtrappe:

- schwerster flugfähiger Vogel
- Steppengebiete (Ungarn, Burgenland), geringes Vorkommen in Brandenburg
- Naturschutz

Ordnung: Kranichvögel und Rallen
Familie: Kraniche

Kranich:

- großer langhalsiger Schreitvogel
- im Flug Hals und Ständer lang gestreckt
- Ständer ragen über die Körperlänge hinaus
- imposante Balz mit „Tänzen“
- trompetenartige Rufe
- Zugvogel; z. T. in Nds., MV überwinternd
- Flugbild: Ständer ragen nach hinten raus

Ordnung: Kranichvögel
Familie: Rallen

Gemeinsamkeiten der Rallen:

- lassen im Flug Ständer hängen
- überwiegend Bewohner von Feuchtgebieten

Blässhuhn	Grünfüßiges Teichhuhn	Wiesenralle	Wasserralle
• weiße Blesse • größte Ralle • aggressive Territorialverteidigung	• grüne Ständer • rote Stirn • Naturschutz	• ähnlich Wachtel • „Wachtelkönig" • Naturschutz	• Naturschutz
einzige Ralle mit Jagdzeit vom 11.9.–15.1.			

Ordnung: Stelzvögel
Familie: Reiher und Dommeln

Fisch- oder Graureiher	Große Rohrdommel
• im Flug s-förmig gebogener Hals • Koloniebrüter • füttert Junge mit ausgewürgter Nahrung • Nahrung: Fische, Frösche, Mäuse • Jagdrecht, keine Schusszeit	• Bodenbrüter im Schilf/bei Gefahr • Pfahlstellung • „Moorochse" Naturschutz

Seiden-, Purpur-, Silber- und Nachtreiher unterliegen Naturschutzrecht.

Ordnung: Stelzvögel
Familie: Störche

Weißstorch	Schwarzstorch
• Kulturfolger • Zugvogel • monogam • Hals im Flug waagerecht • Naturschutz	• Kulturflüchter • scheuer Waldbewohner • Naturschutz

Stichworte zum Federwild

polygam:	Auerwild, Birkwild, Fasan, Wachtel, Waldschnepfe
monogam	
Halbjahresehe:	z. B. Stockente
Jahresehe:	z. B. Rebhuhn, Ringeltaube
Lebensehe:	z. B. Graugans, Schwäne, Steinadler
Fortpflanzung:	Balzzeit bei den Eulen ab Ende Januar Reihzeit bei den Enten ab Februar, Balzzeit beim übrigen Federwild März bis April, bei den Waldhühnern im Mai

Merke beim Fasan: am 1. Mai das 1. Ei!

Verlobung im Herbst:	Stockente, Haselwild
Bodenbrüter:	Hühner, Enten, Gänse, Schnepfen, Weihen, Sumpfohreule, Kiebitz, Lerche
Baumbrüter:	Rabenvögel, Tauben, Reiher, Kormorane, Greife mit Ausnahme der Weihen
Höhlenbrüter:	Hohltaube, Schellente, Käuze, Spechte, Brandente, Meisen
Felsenbrüter:	Uhu, Steinadler, Wanderfalke, Turmfalke
Koloniebrüter:	Graureiher, Kormoran, Saatkrähe, Dohle, Kiebitz
Nesthocker:	Singvögel, Tauben, Greife, Eulen (die meisten Baumbrüter)
Nestflüchter:	Hühner, Enten, Gänse, Schnepfen, Kraniche (die meisten Bodenbrüter)
Sommergäste:	Wespenbussard, Baumfalke, Störche, Wachtel, Turteltaube
Wintergäste:	Raufußbussard, Merlin, viele Gänsearten
Standvögel:	Hühnervögel (außer Wachtel), Habicht, Sperber, Turmfalke
Pflanzenfresser:	Hühner, Tauben
Fleischfresser:	Greifvögel, Eulen, Schnepfen (Würmer)
Fischfresser:	Fischadler, Seeadler, Kormoran, Graureiher
Allesfresser:	Rabenvögel, Enten, Möwen
Nahrungsspezialisten:	Wespenbussard, Fischadler, Wanderfalke
Kulturfolger:	Feldhühner, Stockente, Weißstorch
Kulturflüchter:	Waldhühner, Schwarzstorch, Steinadler
Mauser:	Federwechsel, i. d. R. jährlich nach der Balz sowie von Jugend- zum Altersgefieder

Gelegegröße (ca.)	
kleine Singvögel	3 bis 7 Eier
Tauben (Eikonstanz)	2 Eier
Schnepfen (Eikonstanz)	4 Eier
Greifvögel	2 bis 4 Eier
Rabenvögel, Eulen	3 bis 6 Eier
Gänse	4 bis 8 Eier
Waldhühner	6 bis 10 Eier
Enten	8 bis 14 Eier
Feldhühner	10 bis 20 Eier

Merke: Je kleiner der Vogel, desto kürzer die Brutdauer.

Ungefähre Brutdauer der heimischen Wildvögel	
kleine Singvögel	ca. 2 Wochen
Tauben, Rabenvögel	17 Tage (2,5 Wochen)
Schnepfen	21 Tage (3 Wochen), großer Brachvogel 4 Wochen
Enten, Feldhühner	26 Tage (3,5 Wochen)
Waldhühner, Gänse	28 Tage (4 Wochen)
Greifvögel, Eulen	30 bis 40 Tage (4 bis 6 Wochen)

Jagdzeiten ausgewählter Federwildarten, die besonders relevant sind. (Bitte die Jagdzeiten nach Landesrecht in Ihrem Prüfungsbundesland in unten stehende Tabelle eintragen. Sie finden die Jagdzeiten unter www.kosmos.de/jagdzeiten.)

Wildart	Jagdzeit
Fasan (1.10. bis 15.1. BJG)	
Rebhuhn	
Stockente (1.9. bis 15.1. BJG)	
Graugans	
Kanadagans, Nilgans	
Blässhuhn	
Rabenkrähe, Elster	
Waldschnepfe	
Ringeltaube	
Türkentaube	

Kapitel 2.1

Jagdbetrieb

Gliederung:

1. Bruchzeichen
2. Jagdsignale
3. Pirschzeichen
4. Behandlung angeschossenen Wildes
5. Einzeljagdarten
6. Gesellschaftsjagdarten

Bruchzeichen

Was sind Bruchzeichen?

Abgebrochene Zweige, die in bestimmter Form gelegt, der lautlosen Verständigung unter Jägern bzw. der Ehrung erlegten Schalenwilds oder des Schützen dienen.

Bruchgerechte Holzarten:

- Kiefer
- Fichte
- Tanne
- Eiche
- Erle

(Ki-Fi-Ta-Ei-Er/EFEKT)

Bruchzeichen (Name, Aussehen und Bedeutung)

Hauptbruch: armlang und ober- und unterseits befegt; bedeutet: Achtung!

Leit- oder Folgebruch: halbarmlang und ober- und unterseits befegt; bedeutet: in Richtung der gewachsenen Spitze folgen

Warnbruch: armlang, abgeastet, rundum befegt, kreisförmig gebunden; warnt vor einer Gefahr!

Standplatzbruch: armlang, abgeastet, in die Erde gesteckt; kennzeichnet Schützenstand bei Gesellschaftsjagden

Wartebruch: zwei halbarmlange Zweige über Kreuz gelegt; bedeutet: warten

Sammelplatzbruch: 3 Wartebrüche nebeneinander; kennzeichnen den Sammelplatz bei Gesellschaftsjagden

Warten aufgegeben: wie Wartebruch, nur **abgeastet**; früher: der Wartende hat sich in Richtung der Winkelhalbierenden der gewachsenen Spitzen entfernt

Anschussbruch: halbarmlang in die Erde gesteckt; kennzeichnet Anschuss (heute wird Anschuss häufig mit Markierband gekennzeichnet)

Fährtenbruch mit Äfterung: kleiner Bruch vor den Anschussbruch gelegt mit kleinerem Querbruch (Äfterung), Äfterung liegt entgegen der Fluchtrichtung, bei männlichem Wild zeigt die gebrochene Spitze des Fährtenbruches in Fluchtrichtung, bei weibl. die gewachsene, ist die Fluchtrichtung unbekannt, wird doppelt geäftert

Inbesitznahmebruch:	kleiner Bruch auf der linken Körperseite; bei männlichem Wild zeigt die gebrochene Spitze Richtung Haupt, bei weiblichem die gewachsene; erlegtes Wild wird immer auf die rechte Körperseite gelegt
Letzter Bissen:	kleiner Bruch wird dem erlegten Schalenwild in den Äser gesteckt
Schützen- oder Erlegerbruch:	kleiner Bruch wird dem Erleger vom Jagdleiter auf Hut oder Kalter Waffe überreicht mit dem Wort „Weidmannsheil“, Schütze nimmt den Bruch mit den Worten „Weidmannsdank“ entgegen und steckt ihn an die rechte Hutseite

Wie wird eine Hochwildstrecke gelegt?

Die Wildarten werden jeweils reihenweise der Stärke nach gelegt, auf der rechten Körperseite liegend, mit dem stärksten (z. B. Rotwild) beginnend. **Grundsätze:** Hochwild vor Niederwild; in der Reihe männlich vor weiblich; Cerviden vor Boviden

Wie wird eine Niederwildstrecke gelegt?

früher: 1. Reihe Fuchs, danach anderes Niederwild (aus hygienischen Gründen nicht mehr üblich); heute: Feldhase, Wildkaninchen, Federwild, Wasserwild, ggf. Raubwild. Jedes 10. Stück Wild wird eine halbe Körperlänge nach vorn gezogen.

Wo stehen die beteiligten Personen?

Schützen vor der Strecke, Jagdleiter vor den Schützen, Jagdhornbläser, Treiber etc. hinter der Strecke (nicht über die Strecke treten)

Jagdsignale

Welche Jagdhörner unterscheiden wir?

- Taschen-Jagdhorn
- Fürst-Pless-Horn
- Parforcehorn
- Sauerländer Halbmond

Welche Gruppen von Jagdsignalen unterscheiden wir?

- **Jagdleitsignale** (Kommandosignale) und **dekorative Signale**

Welche wichtigen Jagdleitsignale kennen wir und was bedeuten sie?

Anblasen des Treibens: Es darf, sobald mit den Standnachbarn Kontakt aufgenommen wurde, geladen und geschossen werden.

Treiber in den Kessel: Beim Kesseltreiben bleiben die Schützen stehen, drehen sich um und dürfen nur noch nach außen schießen. Die Treiber gehen bis zur Mitte des Kessels.

Hahn in Ruh (Abblasen des Treibens): Waffe entladen, offen mit der Mündung nach oben tragen und in Richtung der angegebenen Folge den Sammelplatz aufsuchen

Welche dekorativen Signale kennen wir?

- Totsignale (Verblasen der Strecke), zum Essen, Jagd vorbei, Halali, Begrüßung, Aufbruch zur Jagd ...

Pirschzeichen, Schusszeichen, Wildzeichen

Was sind Pirschzeichen?

Zeichen, die Wild **am Anschuss** hinterlässt: Schweiß, Schnitthaar, Organteile, Knochensplitter, Zähne usw.

Welche Schusszeichen kennen wir bei Schalenwild?	**Blattschuss:** tiefe Flucht, nach kurzer Zeit Zusammenbrechen **Hochblattschuss:** hohe Flucht, nach kurzer Zeit Zusammenbrechen **Laufschuss:** Einknicken, Flucht auf drei Läufen, Baumeln des Laufes **Leberschuss:** ausschlagen mit den Hinterläufen, oft krummer Rücken **Weidwundschuss:** krummer Rücken, unbeholfene, langsame Flucht **Krellschuss:** blitzartiges Zusammenbrechen, dann Flucht (wie gesund)
Welche Schusszeichen kennen wir bei Federwild?	**Kopf- und Lungenschuss:** aufsteigen (himmeln) **Schuss in die Ständer:** Wild lässt den oder die Ständer hängen **Schuss in die Schwingen:** abstürzen über die kaputte Schwinge, weglaufen
Was verstehen wir unter Schusszeichen und welche kennen wir?	Mit dem Begriff Schusszeichen bezeichnen wir das **Zeichnen des Wildes** im Schuss (Reaktion des Wildes im Schuss). Der Jäger kann aus der Art der Reaktion erkennen, wo das Wild getroffen wurde.
Was verstehen wir unter Wildzeichen?	Alle **Zeichen**, die das Wild **bei** seinem **üblichen Verhalten** hinterlässt, also Rückschlüsse auf das Vorkommen zulassen.
Bei Rotwild:	Fährten, Losung, Suhlen, Malbäume, Fegestellen, Schälschäden, Verbiss ...
Bei Schwarzwild:	Fährten, Losung, Suhlen, Malbäume, umgebrochene Wiesen ...
Bei Rehwild:	Fährten, Losung, Fegestellen, Plätzstellen, Lager, Hexenringe, Verbiss ...
Bei Hasen:	Spuren, Losung, Sassen, Hexensteige ...
Bei Kaninchen:	Spuren, Losung, Baue, Randzonenfraß ...
Bei Haarraubwild:	Spuren, Losung, Risse, Beutereste ...
Bei Greifen und Eulen:	Geschmeiss, Gewölle, Rupfungen ...
Bei Hühnervögeln:	Geläufe, Huderplätze, Gestüber ...
Welches Wild hinterlässt Spuren, Fährten, Geläufe?	• **Spuren:** Haarraubwild und Hasentiere • **Fährten:** Schalenwild sowie Auerwild (Steinadler und Seeadler) • **Geläufe:** sonstiges Federwild (Enten auch Gelatsche)
Wie unterscheiden sich Riss und Rupfung?	Beim **Riss** (Haarraubwild) sind die Federkiele abgebissen, bei **Rupfungen** (Greife) sind die Federn unversehrt.
Wie ist im Regelfall zu verfahren, wenn Wild krankgeschossen flüchtete?	Sofern möglich, sollte ein weiterer Schuss angetragen werden, ansonsten zunächst **2 bis 3 Stunden warten**, damit das Wild ggf. in Ruhe verendet und nicht unnötig aufgemüdet wird. Zur Nachsuche dürfen nur brauchbare Jagdhunde verwendet werden.
In welchen Fällen kann bereits nach einer halben Stunde mit der Nachsuche begonnen werden?	Nur bei **Kammerschüssen** kann nach kurzer Zeit nachgesucht werden, da diese Schüsse tödlich enden. Bei **Laufschüssen** und **Äserschüssen** wird von manchen Hundeführern die sofortige Nachsuche (auf Rehe) favorisiert, aber nur sofern ein hochläufiger Hund zugegen ist, der in der Lage ist, das getroffene Wild abzutun oder zumindest zu stellen. Erfahrene Hundeführer halten dies nicht für angebracht und empfehlen auch hier 2 bis 3 Stunden zu warten.
Wie sieht Lungen- bzw. Leberschweiß aus?	**Lungenschweiß:** hellrot, blasig **Leberschweiß:** dunkelrot, griesig

Behandlung des angeschossenen Wilds

Wie soll eine Nachsuche auf Schalenwild ablaufen?

- Sie darf nur mit einem brauchbaren, geprüften Jagdhund durchgeführt werden!
- Jagdhund wird zunächst in der Nähe des Anschusses abgelegt.
- Hundeführer untersucht den Anschuss nach Pirschzeichen.
- Hund wird am Anschuss angesetzt und arbeitet die Fährte am langen (mind. 6 m) Schweißriemen aus.
- Sollte das Wild (noch nicht verendet) vor dem Hund hochgehen, so wird i. d. R. der Hund geschnallt, damit er auf Sicht jagend, das Wild möglichst bald abtut und tot verbellt, oder stellt und Standlaut gibt. Wichtig ist es, am Riemen bis zum Wundbett weiterzuarbeiten, damit sicher festgestellt wird, es handelt sich um das kranke Stück Wild und nicht um eines, welches sich zufällig dort niedergetan hat.

Wie wird krankes (krankgeschossenes) Schalenwild weidgerecht getötet?

- Fangschuss, wenn möglich mit Langwaffe aus Distanz von etwa 20 Metern (Nähe zum Wild sorgt für Stress bei Wild)
- Sofern der Fangschuss mit der Langwaffe nicht möglich ist, stellt der Schuss mit der Kurzwaffe aus kurzer Distanz die zweite Wahl dar.
- Ist keine Schussabgabe möglich, erfolgt das Töten in Form des Abfangens. Das beim Rehwild früher übliche Abnicken ist nicht weidgerecht.

Wie unterscheiden sich Abnicken und Abfangen?

- **Abnicken:** Beim Abnicken wird das Rückenmark zwischen Atlas (1. Halswirbel) und Hinterhauptbein durchtrennt. Dies war früher beim Rehwild üblich. Heute wird auch Rehwild abgefangen (Blattfang).
- **Abfangen:** Das Abfangen von Schalenwild erfolgt, indem man das Jagdmesser (oder Weidblatt) in die Kammer (Richtung Herz) stößt. Man unterscheidet den Blattfang (von der Seite in Richtung Herz) und den Kälberfang (vom Stich her Richtung Herz – analog zum Entblutungsschnitt bei betäubten Rindern). Beim Blattfang nähert man sich dem Wild von hinten. In der jagdlichen Praxis ist der Blattfang die Regel.

Wer tötet von Hunden gestelltes Wild?

Es gibt zwar keine Rechtsvorschrift, aber sinnvollerweise überlässt man dies dem Hundeführer, weil er das Verhalten seines Hundes am besten einschätzen kann und keine haftungsrechtlichen Probleme auftreten, wenn z. B. beim Fangschuss der Hund in Mitleidenschaft gezogen wird (siehe auch UVV).

Wie töten Sie krankes Niederwild (außer Rehwild)?

- **Hase, Kaninchen:** abschlagen (Schlag mit Stock oder Handkante ins Genick hinter die Löffel)
- **Federwild:** kräftiger Schlag auf den Kopf mit z. B. Stock(stumpfer Gegenstand) oder Griff vom Nicker oder ggf. geeignetem Stein, um den Kopf zu zertrümmern.

Einzeljagdarten

Welches sind die wichtigsten Einzeljagdarten und auf welche Wildarten werden sie durchgeführt?

- **Ansitz, Anstand:** vom Hochsitz, Schirm oder Sitzstock aus, vor allem auf Schalenwild und Fuchs
- **Pirsch:** von Pirschpfaden aus, vor allem auf Schalenwild

Was ist bei der Pirsch besonders zu beachten?

Der Jäger muss geräuschlos (auf Pirschpfaden) gegen den Wind das Wild angehen. Durch unvorsichtiges Pirschen (morgens oder abends) kann das Wild gestört (vergrämt) werden. In der Regel wird morgens gepirscht.

Wie kann der Erfolg eines Ansitzes beträchtlich erhöht werden?

Durch Anlocken (kirren) des Wildes (Lockjagd)

Womit kann Wild angelockt werden?

- **Nahrung:** (Kirrung, Luderplatz) bei Schwarzwild, Haarraubwild, Enten; bei Schwarzwild auch mit Buchenholzteer angestrichen an einen Malbaum (Duftstoffe)
- **Locklauten:** Blattjagd (Reh), Rufjagd (Rothirsch), Reizjagd (Fuchs)
- Mit **Attrappen** bei Enten, Tauben (wo erlaubt, Krähen mit Hüttenuhu)

Wie kann man den Erfolg der Jagd am Luderplatz erhöhen?

Durch Anlegen eines Luderschachts und sternförmiges Ziehen von Schleppen

Wie unterscheiden sich die Blatt-, Ruf-, Lock- und Reizjagd?

- Bei der Blattjagd (Ende Juli/Anfang August) wird das Fiepen der brunftigen Ricken bzw. Schmalrehe oder Kitze nachgeahmt, um den Bock zum Zustehen zu bringen.
- Bei der Rufjagd in der Hirschbrunft wird der Nebenbuhler nachgeahmt, mit dem Ziel, dass der Platzhirsch zustehen soll.
- Bei der Reizjagd auf den Fuchs werden Beutetiere (Hasen mit der Hasenklage, Mäuse mit dem Mauspfeifchen) nachgeahmt, damit der Fuchs zusteht.
- Lockjagd wird auch auf Schwarzwild und andere Wildarten ausgeübt (Tauben, Gänse, Krähen usw.).

Was verstehen wir unter Beizjagd?

Die Jagd mit Greifen, Adler, Habicht oder Falken (auch nicht einheimische Arten wie z. B. Harris Hawk) auf Hasen, Kaninchen, Fasanen, Rebhühner, Tauben u. a.

Welche jagdlichen Möglichkeiten bietet Neuschnee (Neue)?

- **Ausneuen:** Verfolgung einer Marderspur (Paarsprung) am Vormittag bis zum Tagesversteck (Baum, Holzstapel, Strohhaufen), aus dem der Marder dann ausgepocht und mit Schrot erlegt wird.
- **Kreisen auf Sauen:** Umkreisen der bekannten Tageseinstände am frühen Vormittag, um anhand der Fährten, die ggf. in die Dickung rein- und rausführen, festzustellen, ob die Sauen in der Dickung stecken, um anschließend kurzfristig ein Standtreiben zu veranstalten.

Welche typischen Einzeljagdarten werden mit Hunden durchgeführt?

- Suchjagd (klassische Jagd auf Rebhühner)
- Buschieren
- Stöbern
- Brackieren
- Baujagd

Wie unterscheiden sich Suche, Buschieren und Stöbern?

Suche: freies offenes Gelände; nur mit Vorstehhund auf Rebhuhn, Fasan, Kanin, Hase. Der Hund sucht mit hoher Nase in Sichtweite, in Form einer Quersuche gegen den Wind, systematisch z. B. einen Stoppelacker, Kleeschlag oder Wintergetreideschlag ab und zeigt, sobald er Wittrung von Wild in der Nase hat, dasselbe durch Vorstehen (Erstarren) an. Der Hund muss durchstehen (soll nachziehen, um die Wittrung des Wildes nicht zu verlieren, aber nicht dem aufstehenden und fliehenden Wild nachrennen (nachprellen)), bis der Führer kommt und das Wild heraustritt und beschießt.
Buschieren: leicht bewachsenes, nicht komplett einsehbares Gelände (Jungwuchs, Schilf, Waldrand, Brachfläche); mit Vorsteh- oder Stöberhund vor allem auf Fasan und Enten, aber auch Hase und Kanin. Der Hund sucht unter der Flinte (d. h. in Schrotschussentfernung zum Führer), kann vorstehen oder das Wild aufmachen. Das Wild drückt sich aufgrund der geringen Distanz nicht, der Hund kommt meist nicht zum Vorstehen. Das Wild wird während der Flucht beschossen.

Stöbern: nicht einsehbares Gelände (Dickung). Der Hund (fast alle Hunde außer Schweiß- und Apportierhunde geeignet, insbes. Stöberhunde, Teckel und Terrier) sucht die vor dem Schützen liegende Dickung spurlaut und bogenrein ab. Der Hund sucht ohne Sichtverbindung zum Führer („im Dunkeln") und soll das Wild möglichst dem Führer zutreiben, der es am Dickungsrand erwartet und beschießt.

Welche Eigenschaften muss ein guter Stöberhund aufweisen?

Er muss **Spurwillen und Spursicherheit** zeigen und vor allem **spurlaut** sein, damit der Jäger sich auf herannahendes Wild rechtzeitig einrichten kann und damit es nicht zu einer Sichthetze kommt (Wild würde hochflüchtig werden). Weiterhin muss er bogenrein sein, das heißt, er muss, sobald er das Wild aus dem Einstand gedrückt hat, wieder in die Dickung zurückkehren und weitersuchen. Darf also dem Wild nicht weiter nachjagen.

Welche Formen der Baujagd am Kunst- bzw. Naturbau werden unterschieden?

- Baujagd auf Fuchs mit Bauhunden (Teckel und Terrier)
- Baujagd auf Dachs mit Bauhunden (Teckel und Terrier); hohe Verletzungsgefahr für den Bauhund
- Baujagd auf Kaninchen mit Kaninchenteckel oder Frettchen (Frettieren)

Wie verläuft eine Baujagd auf den Fuchs?

Sie findet überwiegend im Herbst und Winter statt, da dann der Balg reif ist und der Fuchs bei schlechtem Wetter oder in der Ranzzeit im Bau steckt. Wenige Jäger nähern sich leise dem befahrenen Bau und postieren sich mit Flinten bewaffnet in einiger Entfernung zu den Röhren an den bekannten Pässen. Die Schützen müssen verdeckt stehen, dürfen nicht in die Röhre schauen. Nur der Hundeführer geht leise bis an den Bau heran und lässt den Hund einschliefen. Sofern der Fuchs springt, wird er in einiger Entfernung zum Bau erlegt. Direkt beim Verlassen des Baus sollte nicht geschossen werden, damit nicht der Hund getroffen wird, bzw. damit der angeschossene Fuchs, falls er den Bau wieder annimmt, noch einmal beschossen werden kann. Sollte der Fuchs nicht springen, ist es sinnvoll, eine halbe Stunde ruhig zu warten, da der Fuchs bei einer Störung nach geraumer Zeit, wenn er sich sicher fühlt, den Bau meist verlässt.

Was ist bei der Baujagd auf Dachse zu beachten.

Der Dachs verlässt den Bau in den seltensten Fällen. Meist wird er vom Hund gestellt und verbellt (Vorliegelaut). Er muss dann gegraben werden und mithilfe einer Dachszange (Dachsgabel) gehalten und **mittels Fangschuss** erlegt werden. Dachse sind durchaus wehrhaft und können den Hund empfindlich verletzen (bzw. töten), oder auch überspringen und vergraben (verklüften).

Was wissen Sie über das Frettieren?

Es handelt sich um eine Baujagd auf Kaninchen mit Frettchen. Frettchen sind domestizierte Iltisse, denen man bei der Kaninchenjagd ein Glöckchen und/oder einen Maulkorb anlegt, damit sie kein Kaninchen reißen können (Gefahr des Verdauungsschlafes). Die Kaninchen sollen vielmehr in Panik den Bau verlassen, wobei sie dann geschossen oder auch mit Netzen an der Röhre gefangen werden können (werden dann abgeschlagen).

Was verstehen wir unter Brackieren?

Es handelt sich um eine Jagdart, die mit Bracken meist auf Hasen (selten auf Fuchs) durchgeführt wird. Die Bracke verfolgt hierbei **spurlaut** einen aus der Sasse gestoßenen Hasen **ohne Sichtkontakt.** Der Schütze macht sich die Angewohnheit des Hasen, einen weiten Bogen schlagend, wieder an den Ausgangspunkt zurückzukehren (Zeitdauer durchaus mehrere Stunden) zu eigen, indem er den von der Bracke getriebenen Hasen in der Nähe der Sasse erwartet. Da die Bracke langsam ohne Sichtkontakt jagt, handelt es sich nicht um eine Hetzjagd. Die Bracke jagt mit tiefer Nase spurlaut auf der Spur. Diese Jagd ist nur zulässig in Revieren ab 1.000 ha. Natürlich darf mit der Bracke auch in kleineren Revieren Schweißarbeit gemeistert werden.

Wie unterscheiden sich Enten- und Schnepfenstrich?

Unter dem Entenstrich versteht man den Nahrungsflug der Ente, während mit Schnepfenstrich der Balzflug der Schnepfen bezeichnet wird. Der Nahrungsflug der Enten findet ganzjährig zwischen Wasser- und Feldflächen statt, wobei sich die Enten tagsüber auf dem Wasser aufhalten, nachts auf dem Feld (vorausgesetzt, die Enten werden am Wasser nicht intensiv gefüttert). Der Balzflug der Schnepfen (Schnepfenstrich) findet hingegen im Frühjahr statt, wobei die Hähne quorrend und puitzend in der Luft streichen und nach den am Boden sitzenden, puitzenden Hennen suchen.

Was ist bei der Jagd auf dem Enten- bzw. Schnepfenstrich zu beachten?

- Bei Jagden auf Wasserwild und Waldschnepfen müssen brauchbare Jagdhunde zum Verlorenbringen mitgeführt werden.
- Auf dem Entenstrich werden überwiegend Stockenten erlegt (an den Gewässern nur mit bleifreien Schroten), wobei der Jäger die einfallenden Enten entweder morgens am Wasser oder abends auf dem Feld erwartet.
- Die Jagd während des Schnepfenstrichs im Frühjahr ist in Deutschland verboten. Diese Regelung ist umstritten, da die Frühjahrsjagd ein selektives Erlegen von Hähnen ermöglicht, was bei der polygamen Lebensweise die Zuwachsrate nicht beeinflusst.

Was versteht man unter der Balzjagd?

Die Jagd während der Balz, vor allem auf den Auerhahn (auch Taube, Hahn des kleinen Mannes). Bei der Balzjagd auf den Auerhahn wird der Hahn zunächst am Abend oder in der Dunkelheit der frühen Morgenstunden während der Baumbalz verhört. Der Jäger nutzt die Tatsache, dass der Hahn beim Schleifen (Wetzen) nahezu taub ist aus, indem er während dieser Phase den auf dem Baum sitzenden Hahn anspringt (der Jäger bewegt sich jeweils 1 bis 2 Schritte auf den balzenden Hahn zu). Er versucht, sich dem Hahn auf Schussentfernung zu nähern, noch bevor er auf den Boden abreitet, um die Hennen zu treten. Der Hahn wird dann mit Schrot oder einer kleinen Kugel erlegt. Zurzeit ist Auerwild in Deutschland ganzjährig geschont.

Welche grundsätzlichen Vorschriften sind bei der Fallenjagd nach BJG bzw. nach den Landesjagdgesetzen zu beachten?

Welche Fallen sind demnach zugelassen und wann bzw. wie oft müssen diese kontrol- werden?

Nach BJG sind nur Fallen zugelassen, die entweder unversehrt lebend fangen oder sofort töten. Wer die Fangjagd ausübt, muss i. d. R. einen anerkannten Fallenjagdlehrgang besucht haben. Totschlagfallen, sofern nach LJG erlaubt, müssen meist von einer anerkannten Institution (z. B. DEVA) zugelassen sein.

- **Röhrenfallen** für Fuchs, Dachs, Katze, Waschbär; Kontrolle 1 x täglich, morgens
- **Kastenfallen** für Marder, Iltis, Fuchs, Katze, Waschbär; Kontrolle 1 x täglich, morgens
- **Wieselwippbrettfalle** für Wiesel; Kontrolle 2 x täglich, vormittags und abends (tagaktiv)
- **zugelassene Totschlagfallen**; Kontrolle 1 x täglich, morgens

Zur Kontrolle können elektronische Fallenmelder als Hilfsmittel zusätzlich eingesetzt werden. Sie befreien jedoch nicht grundsätzlich von der persönlichen Fallenkontrolle.

Warum sind Tellereisen in Deutschland verboten? Länderrecht beachten!

Weil sie weder lebend unversehrt fangen noch sofort töten. Diese Falle wird nicht wie ein Fangeisen durch Zug am Köder ausgelöst, sondern durch Druck auf eine Platte. Dies führt häufig zu Brantenfängen oder unerwünschten Beifängen.

Gesellschaftsjagden

Was sind Gesellschaftsjagden im Sinne des Gesetzes?

Dies sind alle Jagden, bei denen mehr als 4 Personen gemeinsam die Jagd als Schützen ausüben. Jugendjagdscheininhaber dürfen an diesen Jagden nicht als Schütze teilnehmen.

Welche Formen der Gesellschaftsjagd werden nach dem Charakter unterschieden?

- **Treibjagden:** Das Wild wird durch Treiber (im Feld) und/oder Hunde (im Wald) mit relativ viel Lärm auf die Läufe gebracht – überwiegend auf Niederwild (außer Rehwild) und Schwarzwild
- **Drückjagden/Ansitzbewegungsjagden:** Das Wild wird von wenigen Treibern ohne Hunde und ohne viel Lärm auf die Läufe gebracht, damit es den an den Wechseln postierten Schützen (mit Drückjagdbock) vertraut (Zeit zum Ansprechen) vor die Büchsen kommt (überwiegend auf Schalenwild auch Schwarzwild und auf Fuchs).

Wann werden Gesellschaftsjagden üblicherweise veranstaltet?

Im Herbst nach dem Abernten der Felder, im Wald erst nach Laubfall

Welche Treibjagdarten werden im Feld veranstaltet?

- **Streife:** Treiber und Schützen gehen in einer Linie nebeneinander über das Feld (Hase, Fasan, Rebhuhn, Kaninchen)
- **Böhmische Streife:** wie die Streife, jedoch werden die Flanken (Flügel) besetzt (vor allem auf Hasen, um ein seitliches Ausbrechen zu verhindern)
- **Kesseltreiben:** Treiber und Schützen werden kreisförmig um einen großen Kessel (> 1.000 m Durchmesser) abgestellt und bewegen sich in Richtung Mittelpunkt in offenem Gelände. Geschossen wird zunächst in den Kessel. Bis das Signal „Treiber in den Kessel" ertönt (ab Durchmesser ca. 400 m Druchmesser). Ab diesem Zeitpunkt bleiben die Schützen stehen, drehen sich um und dürfen nur noch nach außen schießen, während die Treiber zum Mittelpunkt weitergehen (vor allem auf Hasen).
- **Vorstehtreiben/Standtreiben:** Bei dieser Treibjagdart stehen die Schützen an einer langen Grundlinie oder um das ganze Treiben herum und lassen sich das Wild von den Treibern zutreiben (Schützen nehmen einen festen Stand ein und stehen vor).

In welchem Abstand werden bei diesen Feldtreiben i. d. R. die Schützen postiert?

Ca. 70 m (doppelte Schrotschussentfernung); in der Praxis meist ca. 50 m

Welche Treibjagdarten werden im Wald veranstaltet?

Nur Vorstehtreiben (Standtreiben): wie im Feld, aber überwiegend auf Schalenwild und Fuchs (Hase) – im Wald werden keine Gesellschaftsjagden durchgeführt, bei denen sich die Jäger bewegen.

Welche besonderen Formen von Standtreiben werden im Wald durchgeführt?

Drückjagden (Riegeljagden), teilweise als Ansitzbewegungsjagden (Schalenwild und Fuchs). Hierbei werden die Schützen an festen Standorten (Wechsel, Pässe) postiert und wenige Treiber bringen das Wild ruhig auf die Läufe.

Wie unterscheiden sich normale Drückjagden von Ansitzbewegungsjagden?

Bei normalen Drückjagden werden kleinere Flächen (10–30 ha) für 1–2 Stunden von Schützen umstellt, wohingegen bei Ansitzbewegungsjagden große Flächen (teils ganze Reviere) abgestellt werden. Die Schützen stehen nicht, sondern sitzen im gesamten Revier verteilt für mehrere Stunden auf speziellen, rundum offenen Drückjagdböcken, von denen aus im

Stehen zu allen Seiten hin geschossen werden kann. Diese Ansitze werden zuvor gezielt an den bekannten Wechseln so errichtet, dass ausreichend Schussfeld vorhanden ist (auf Schalenwild, vor allem weibliches Wild sowie Jungtiere im Herbst).

Welche wichtigen Verhaltensregeln sind bei allen Gesellschaftsjagden zu beachten?

Die Unfallverhütungsvorschriften der landwirtschaftlichen Berufsgenossenschaft:

- **Es ist ein Jagdleiter zu bestimmen, dessen Anordnungen Folge zu leisten ist.**
- Alle an der Jagd beteiligten Personen müssen sich farblich deutlich von der Umgebung abheben.
- Die Verantwortlichen müssen den Schützen ihre Stände und den Schussbereich genau erklären.
- Nach Einnehmen der Stände haben sich die Schützen mit ihren jeweiligen Nachbarn zu verständigen.
- Sofern nichts anderes bestimmt ist, darf der Schütze seinen Stand weder verlassen noch verändern.
- Sofern nichts anderes angeordnet ist, darf die Waffe erst auf dem Stand geladen werden. Sie ist nach Beendigung des Treibens sofort zu entladen und mit geöffnetem Verschluss (Mündung nach oben) zu tragen.
- Wenn sich Personen in gefahrbringender Nähe befinden, darf in diese Richtung weder angeschlagen noch geschossen werden.
- Ein Durchziehen durch die Schützen- und Treiberlinie ist nicht gestattet.
- Mit Büchsen- und Flintenlaufgeschossen darf ohne Erlaubnis des Jagdleiters nicht ins Treiben geschossen werden (Schrotschuss erlaubt, soweit keine Gefährdung bzw. soweit nicht ausdrücklich verboten).

Was muss bzw. sollte die Ansprache eines Jagdleiters enthalten?

- Jagdscheinkontrolle, Schießnachweis (Versicherungsschutz, Haftung des Jagdleiters)
- Hinweis auf UVV
- freigegebene Wildarten
- verwendete Jagdsignale
- Ab wann darf geschossen werden? (ohne nähere Bestimmungen erst nach dem Anblasen)
- Wann werden Hunde geschnallt?
- Wer versorgt das erlegte Wild?
- Wer ist für Nachsuchen zuständig?
- Vor jedem Treiben ist den Schützen der Standplatz, die Richtung des Treibens, die Schussrichtung und die Folge bekanntzugeben (machen die Ansteller).

Tipp: Es sollte eine Namensliste der eingeladenen Schützen zur Verfügung stehen, wo der Schütze auch schriftlich erklärt (Unterschrift), dass er im Besitz eines gültigen Jagdscheins und eines entsprechenden Schießnachweises ist.

Tipp: Die Treiber genießen Versicherungsschutz durch die Berufsgenossenschaft. Dies gilt jedoch nur dann, wenn ein dienstähnliches Verhältnis nachgewiesen werden kann. Daher sollten auch die Treiber namentlich vor der Jagd in einer Liste mit Unterschrift erfasst werden. Häufig lassen sich Jagdleiter die Ausgabe der Essen- und Getränkemarken für das abendliche Schüsseltreiben bestätigen. Dann fehlt meist keiner.

Tipp: Den Treibern müssen Signalwesten und sollten eine Schutzausrüstung (z. B. Schutzbrillen gegen zurückschlagende Äste) zur Verfügung gestellt werden.

Kapitel 2.2

Jagdhundewesen

Gliederung:

1. Rassen und Schläge
2. Arbeitsbereiche
3. Anschaffung und Zucht
4. Haltung/Pflege/Krankheiten
5. Ausbildung
6. Prüfungen
7. Erwünschte und unerwünschte Eigenschaften
8. Eigenschaften, Einsatzgebiete und Prüfungen der einzelnen Hunderassen (Verwendung)
9. Wichtige Befehle und sonstige Begriffe

Rassen und Schläge

Gruppierungen von Jagdhunderassen:

- Vorstehhunde (Vollgebrauchshunde)
- Stöberhunde (Gebrauchshunde)
- Erd- bzw. Bauhunde (Gebrauchshunde)
- Bracken/Laufhunde oder jagende Hunde (Gebrauchshunde)
- Schweißhunde (Spezialisten für die Schweißarbeit)
- Apportierhunde/Retriever (Spezialisten für die Nachsuche auf Niederwild, Verlorenbringen)

Deutsche Vorstehhunde:

kurzhaarig, kupiert (2):
Deutsch-Kurzhaar, Weimaraner (kurzhaarig)

langhaarig, nicht kupiert (4):
Deutsch-Langhaar, Weimaraner (langhaarig), Großer Münsterländer, Kleiner Münsterländer

rauhaarig, kupiert (4):
Deutsch-Drahthaar, Deutsch-Stichelhaar, Griffon, Pudelpointer

Englische Vorstehhunde: Englischer Setter, Irischer Setter, Schottischer Setter (Gordon Setter), Pointer (König der Vorstehhunde)

Stöberhunde: Deutscher Wachtelhund, Cocker Spaniel, Springer Spaniel

Bauhunde: Teckel (kurzhaarig, rauhaarig, langhaarig), Terrier (dt. Jagdterrier, Foxterrier, Parson Russel Terrier)

Bracken: Deutsche Bracke (Olper Bracke), Brandlbracke, Steirische Rauhaarbracke, Tiroler Bracke, Westfälische Dachsbracke (Sauerländer Bracke)

Anerkannte Schweißhunde: Hannoverscher Schweißhund, Bayrischer Gebirgsschweißhund, Alpenländische Dachsbracke

Apportierhunde: Golden Retriever, Labrador Retriever

Arbeitsbereiche

Wichtige Arbeitsbereiche von Jagdhunden:	• Feld • Wald • Wasser
Was zählt zum Gehorsam?	• Appell (Reagieren auf Pfiff, Ruf, Zeichen) • Leinenführigkeit • Folgen frei bei Fuß • Ablegen mit und ohne Schuss • Verhalten am Stand (Treibjagd)
Wie kann man die Arbeiten von Jagdhunden bezogen auf die jagdliche Praxis noch unterteilen?	• Arbeiten vor dem Schuss • Arbeiten nach dem Schuss
Welche Arbeiten zählen zu den typischen Feldarbeiten vor bzw. nach dem Schuss?	• **Vor dem Schuss:** Suche (mit hoher Nase); Quersuche im offenen Gelände mit Suchen, Finden und Vorstehen (nur mit Vorstehhunden möglich) • **Nach dem Schuss:** mit tiefer Nase; das Verlorenbringen mit Suchen, Finden, Aufnehmen und Bringen (mit allen Rassen außer Schweißhunden machbar). Dies üben wir mit der Schleppe.
Welche Arbeiten zählen zu den typischen Arbeiten im Wald vor, bzw. nach dem Schuss?	**Vor dem Schuss:** • Stöbern: Wild spurlaut und bogenrein z. B. aus einer Dickung dem Schützen zutreiben; möglich mit Stöberhunden, Bracken, Bauhunden, Vorstehhunden • Buschieren: Suche unter der Flinte im leicht bewachsenen Gelände; möglich mit Stöberhunden, Bracken, Bauhunden, Vorstehhunden • Bauarbeit (Fuchs, Dachs, Kaninchen); nur mit Teckeln und Terriern • Brackieren: spurlautes Jagen i. d. R. auf Feldhasen; nur mit Bracken **Nach dem Schuss:** • Schweißarbeit: bei Schalenwild zunächst Riemenarbeit, dann Finden und Totverweisen oder Totverbellen oder ggf. Hetze mit Stellen; möglich mit allen Rassen • Verlorenbringen: bei Nicht-Schalenwild – Suchen, Finden, Aufnehmen, Bringen; mit allen Rassen außer Schweißhunden (Teckeln) möglich
Welches sind die typischen Arbeiten im Wasser?	**Vor dem Schuss:** • Stöbern: beispielsweise im Schilf; mit allen Rassen außer Schweißhunden möglich **Nach dem Schuss:** • Verlorenbringen: Suchen, Finden, Bringen; mit allen Rassen außer Schweißhunden möglich

Schussfestigkeit wird festgestellt im Feld und Wasser. Schussscheue Hunde sind für die Jagd unbrauchbar!

Anschaffung und Zucht

Wo sollte ein Jagdhund gekauft werden?	• Bei einem anerkannten Züchter (Mitglied eines Zuchtverbandes des JGHV) • Nur Hunde aus anerkannter Zucht erhalten eine Ahnentafel und dürfen an Verbandsprüfungen teilnehmen.
Nach welchen Kriterien sollte die Rasseauswahl erfolgen?	• Nach Revierverhältnissen (Wildarten) • Nach Unterbringungsmöglichkeiten (Haus, Zwinger)
Wann werden Hunde geschlechtsreif?	• Rüden: 6–12 Monate • Hündinnen: 6–8 Monate
Wann sind Hunde zuchtreif?	Mit 1,5 bis 2 Jahren
Wie oft tritt die Hitze auf, wie lange dauert sie und wann ist der günstigste Zeitpunkt zum Belegen?	• Hitze: 2 Mal jährlich (Frühjahr, Herbst) • Dauer: bis 24 Tage • Günstigster Tag zum Belegen: etwa 12. Tag der Hitze
Wie lange dauert die Tragzeit und wieviel Junge werden gewölft?	• Tragzeit: rund 63 Tage • 4–8 behaarte und blinde Welpen in einer Fruchtblase
Welche drei Phasen werden nach dem Wölfen der Welpen unterschieden?	• **Säugezeit:** 6.–8. Woche • **Prägungsphase:** 4.–7. Woche (Welpen lernen insbes. durch Nachahmung) • **Sozialisierungsphase:** 8.–12. Woche (Welpen lernen ihren Herrn als Rudelführer zu akzeptieren)
Mit welchem Alter dürfen Welpen frühestens abgegeben werden?	Mit 8 Wochen (nach Abschluss der Prägungsphase)
Worauf ist beim Kauf eines Hundes zu achten?	• Zwinger (Zustand, Sauberkeit) • Sozialverhalten, Durchsetzungsvermögen, Wesensfestigkeit • Eltern (Ahnentafel gibt Aufschluss über Leistungen und Prüfungen usw.) • Gebiss- und Gebäudefehler
Wie wird das korrekte Gebiss des Hundes bezeichnet?	Scherengebiss
Welche typischen Gebissfehler kennen wir?	• Fehlende Zähne (Milchgebiss: 28 Zähne, Dauergebiss: 42 Zähne); Zahnwechsel mit spätestens 9 Monaten abgeschlossen • Vorbeißer • Rückbeißer • Zangengebiss • Kreuzgebiss
Welche sonstigen Körperfehler gibt es noch?	• **Entropium:** nach innen gestülptes Augenlid • **Ektropium:** nach außen gestülptes Augenlid • **Wolfsklaue:** Afterzehe am Hinterlauf • **Kuhhessigkeit:** X-Beine • **Fassbeinigkeit:** O-Beine • **Hodenfehler** (z. B. Fehlen eines oder beider Hoden)

Haltung, Pflege, Krankheiten

Wie sollte ein Hund idealerweise gehalten werden?

Im Haus (Sozialkontakt) und Zwinger (Abhärtung), in unregelmäßigen Abständen wechselnd

Wie muss ein Zwinger nach der Hundehaltungsverordnung beschaffen sein?

- Größe ohne Schutzhütte:
  - » **bis 50 cm Widerristhöhe:** mindestens 6 m^2
  - » **50–65 cm Widerristhöhe:** 8 m^2
  - » **> 65 cm Widerristhöhe:** 10 m^2
- Material: gesundheitsunschädlich, ohne Verletzungsgefahr
- Boden: sauber, trocken
- Sicht: mindestens eine Seite mit freier Sicht nach außen
- Sonstiges: Schattiger, witterungsgeschützter Liegeplatz muss zur Verfügung stehen.

Wie muss die Schutzhütte beschaffen sein?

- Material: wärmedämmend und gesundheitsunschädlich
- Größe: Hund muss sich verhaltensgerecht bewegen sowie mit eigener Körperwärme warmhalten können.

Womit und wie oft sollten Hunde gefüttert werden?

- Fertigfutter (optimale Zusammensetzung, sollte auch Spurenelemente enthalten)
- Ab 3 Wochen: 3–4 Mal täglich, danach abnehmend; ab 2 Jahre 1 Mal täglich

Nennen Sie Anzeichen für eine Krankheit beim Hund.

- Fressunlust
- Hoher Wasserbedarf
- Mattigkeit, Schwäche
- Durchfall, Erbrechen
- Trübe Augen, mattes Fell
- Speichel- bzw. Nasenausfluss
- Husten
- Fieber
- verändertes Verhalten

Welche sind die wichtigsten Krankheitserreger und Krankheiten bei Hunden?

- **Viren verursachen** z. B. Staupe, Hepatitis, Parvovirose und Tollwut
- **Bakterien verursachen** z. B. Leptospirose
- **Endoparasiten** z. B. Band- und Spulwürmer
- **Ektoparasiten** z. B. Zecken, Flöhe, Läuse, Milben

Woran erkennen Sie, dass ihr Hund Würmer hat oder unter Ohrenzwang leidet?

- **Würmer:** Hund „fährt Schlitten“ (Ursache kann auch Verstopfung der Analdrüse sein.), stumpfes Fell
- **Ohrenzwang:** Hund schüttelt ständig den Behang sowie blutiger, eitriger Ausfluss.

Welche Impfungen sind bei Hunden üblich?

- Mit rund **2 Monaten:** Grundimmunisierung (**Staupe, Hepatitis, Leptospirose, Parvovirose**-S-H-L-P)
- Mit rund **3 Monaten:** S-H-L-P + **Tollwut** (Beratung durch Tierarzt)

Wann ist die Tollwut-Impfung wirksam und wann muss sie wiederholt werden?

- Wirksam: **21 Tage nach Erstimpfung**
- Wiederholung alle 3 Jahre (nach Angabe des Impfstoff-Herstellers auf dem Beipackzettel)

Welche Krankheit ist genetisch bedingt, also vererbbar und kann mittels Röntgenuntersuchung festgestellt werden?

HD (Hüftgelenkdysplasie): zu flache Gelenkpfannen (ab etwa 12 Monaten feststellbar)

Welche typische Krankheit kommt bei Teckeln vor und ist nicht vererbbar?

Dackellähme (Bandscheibenvorfall); Treppensteigen vermeiden

Welche Gesundheitsvorsorge muss der Hundehalter bei seinem Hund treffen?

- Körperpflege, Fellpflege beim Baden mit speziellen Shampoos (Shampoos für Menschen zerstören wichtige Haut- und Haarbestandteile beim Hund.)
- Mundhygiene (Zahnstein ist häufig bei Hunden.); Zahnreinigung mit Welpen üben.
- Krallenpflege
- Analdrüsen bei kupierten Hunden ausdrücken oder ggf. ausspülen
- Ohrenpflege (Reinigung beim Tierarztbesuch)
- Augenpflege, z. B. nach der Bauarbeit; regelmäßige Wurmkuren nach Empfehlung des Tierarztes (3–4 Mal jährlich)

Ausbildung

Wie nennt man die erste Ausbildungsphase, die ein Welpe durchläuft und welchen Inhalt hat sie?

Die Ausbildung beginnt mit der **Stubendressur**. Sie findet in der Wohnung statt (umzäunter Garten), damit der Hund wenig abgelenkt wird und sich der Einwirkung des Führers nicht entziehen kann. In dieser Phase wird ihm die Stubenreinheit und der grundlegende Gehorsam (Hören auf Ruf und Pfiff) beigebracht.

Wann beginnt die jagdliche Ausbildung und welche Inhalte werden vermittelt?

Sie beginnt mit 6 bis 12 Monaten und beinhaltet insbesondere:
- Apportieren (Suchen, Finden, Bringen); wird geübt auf der Schleppe
- Schweißarbeit
- Wasserarbeit
- Stöbern
- Suche und Buschieren
- vollendeter Gehorsam

In welcher Weise wird dem Hund das Apportieren beigebracht?

- Arbeit mit dem Apportierbock, Apportiersack (nach Abschluss des Zahnwechsels)
- Wildschleppe: i. d. R. **Nutzhaarwild** (Hase, Kanin) **im Wald** und **Federwild** (Rebhuhn, Fasan) **im Feld**. Das Wild wird dabei an einer Schnur mit Rückenwind über den Boden gezogen und abgelegt. Der Hund lernt, die Duftspur aufzunehmen und auszuarbeiten. Das am Ende der Schleppe abgelegte Stück Wild muss er finden und in gutem Zustand bringen. In der Ausbildungsphase wird die Länge der Schleppe stets erweitert und nach und nach mit Haken versehen.

Welche Fehler darf der Hund beim Apport nicht machen?

Er darf das gefundene Wild weder knautschen, anschneiden noch vergraben. Er muss das Wild dem Führer in gutem Zustand bringen und auf Kommando ausgeben.

Wie wird die Schweißarbeit trainiert?

Auf künstlichen Schweißfährten, die mit **Wildschweiß** oder **Rinderblut (nie Schweineblut)** entweder getropft oder getupft werden, wobei am Ende ein Stück Wild oder zumindest eine Decke bzw. Schwarte liegen muss. Gegebenenfalls wird mit einem Fährtenschuh gearbeitet, damit neben dem

Schweiß auch der typische Fährtenabdruck (Bodenverwundung) und der Schalengeruch wahrgenommen wird.

Welche Fehler darf der Hund bei der Schweißarbeit nicht machen?

Der Hund muss ruhig und mit tiefer Nase die Fährte ausarbeiten und darf nicht auf eine Verleitfährte wechseln (= changieren). Er darf das gefundene Stück nicht anschneiden (bei jeder Schweißprüfung wird das Anschneideverhalten mitgeprüft).

Prüfung

Wer führt Prüfungen für Jagdhunde durch?

- Kreisgruppen der Landesjagdverbände (Brauchbarkeitsprüfung)
- Zucht- und Prüfungsvereine des JGHV: alle sonstigen Anlage- und Leistungsprüfungen (Verbandsprüfungen)

Wozu dient die Brauchbarkeitsprüfung?

Sie dient dazu, nachzuweisen, dass der Hund die vom Gesetzgeber geforderten Eigenschaften besitzt für die **Arbeit nach dem Schuss** im Hinblick auf das Vermeiden von Qualen für Wild. Der Hund weist also nach, dass er für eine weidgerechte Jagdausübung brauchbar und gehorsam ist.

Für welche jagdlichen Situationen sind brauchbare Jagdhunde vorgeschrieben?

- Bei **Gesellschaftsjagden** aller Art, bei **Such- und Drückjagden** sowie bei jeglicher Art der **Jagd auf Wasserwild** sind brauchbare Hunde in genügender Zahl zur Nachsuche mitzuführen.
- **Zur Nachsuche dürfen nur brauchbare Hunde verwendet werden.**

Welche Hunde dürfen an einer Brauchbarkeitsprüfung teilnehmen?

Alle Jagdhunderassen sowie Kreuzungen aus Jagdhunderassen

Welche Arbeiten werden bei der BP geprüft?

Da es vorrangig um das Ersparen von Qualen geht, werden nur Arbeiten nach dem Schuss geprüft:

- Schweißarbeit auf Schalenwild
- Verlorenbringen (Haar- und Federwild); Schleppe und freie Verlorensuche
- Wasserarbeit mit Verlorenbringen
- Stöbern
- Gehorsam (Schussfestigkeit wird festgestellt)

BP Merkhilfe:
2 × Feld (Federwildschleppe, freie Verlorensuche)
2 × Wald (Schweißarbeit, Haarnutzwildschleppe)
2 × Wasser (Verlorenbringen aus tiefem Schilfwasser, bringen mit Schuss)
2 × Gehorsam (Verhalten auf dem Stand, Leinenführigkeit)
Schussfestigkeit

In welcher Weise wird die Schweißarbeit bei der BP geprüft?

Auf einer mindestens **400 m langen Schweißfährte mit 2 Haken, 0,25 l Schweiß und einer Standzeit bei der Tagfährte von 2 bis 5 Stunden.** Alternativ kann die Prüfung auch auf einer Übernachtfährte erfolgen mit einer Mindeststehzeit von 24 Stunden. **Das Anschneideverhalten wird jeweils mitgeprüft.**

Wie wird bei der BP das Verlorenbringen geprüft?

- Im Wald mittels einer 300 m langen Haarwildschleppe (Hase oder Kaninchen)
- Im Feld mittels einer 150 m langen Federwildschleppe (Rebhuhn oder Fasan) sowie mittels einer Freiverlorensuche auf Federwild im Feld.

Merke:
Die Haarwildschleppe ist immer länger als die Federwildschleppe. Federwild lebt überwiegend im Feld. Haarwild lebt oft auch im Wald.

Wie wird die Wasserarbeit bei der BP geprüft?

Der Hund muss eine **10 m** weit in einer Deckung liegende **tote Ente finden und bringen.** Er darf dabei mittels Zeichen und Rufen gelenkt werden. Weiterhin muss er eine für ihn **sichtbar weit ins offene Wasser geworfene Ente bringen.** Dabei wird mittels **Schrotschusses auf das Wasser seine Schussfestigkeit geprüft.**

Was wird bei der BP im Fach „Gehorsam" geprüft?

- Allgemeiner Gehorsam (reagieren auf Pfiff, Ruf, Zeichen)
- Schussfestigkeit wird festgestellt.
- Verhalten am Stand
- Riemenführigkeit und teilweise Folgen frei bei Fuß

Aufgrund welcher Prüfungen wird die Brauchbarkeit eines Jagdhundes von der Unteren Jagdbehörde bestätigt?

- **BP** = Brauchbarkeitsprüfung (alle Jagdhunderassen und Kreuzungen)
- **VGP** = Verbandsgebrauchsprüfung (Vorstehhunde)
- **VP** = Vielseitigkeitsprüfung (Teckel)
- **GP** = Gebrauchsprüfung (verschiedene Rassen)
- **HZP** = Herbstzuchtprüfung **mit zusätzlichem Schweißnachweis** inkl. Anschneideverhalten **und Gehorsam** (Vorstehhunde)
- **VPS** = Verbandsprüfung nach dem Schuss (alle Jagdhunderassen)

In welche großen Gruppen werden die Verbandsprüfungen des JGHV unterteilt?

- **Anlageprüfungen:** geprüft werden die angewölften Eigenschaften
- **Leistungsprüfungen:** geprüft wird das Ergebnis der jagdlichen Ausbildung

Welche Prüfungen werden speziell für Vorstehhunde veranstaltet?

- **VJP** (Verbandsjugendprüfung): Anlagenprüfung; wird auch als „**Lehrlingsprüfung**" bezeichnet
- **HZP** (Herbstzuchtprüfung): Anlagenprüfung; wird auch als „**Gesellenprüfung**" bezeichnet
- **VGP** (Verbandsgebrauchsprüfung): Leistungsprüfung; wird auch als „**Meisterprüfung**" bezeichnet

Welche Leistungsprüfungen kennen wir bei anderen Hunderassen?

- Stöberhunde, Bauhunde, Bracken, Retriever: **Gebrauchsprüfung** (GP)
- Teckel: zusätzlich **Vielseitigkeitsprüfung** (VP)
- Schweißhunde: **Vorprüfung und Hauptprüfung** (HP); Schweißprüfung auf natürlicher Wundfährte

Welche nicht rassespezifischen Leistungsnachweise bzw. spezielle Leistungsprüfungen kennen wir?

- **VSwP (Verbandsschweißprüfung):**
  1.000 m lang; 0,25 l Schweiß; 20 oder 40 Stunden Stehzeit
- **Btr. (Bringtreueprüfung):**
  ausgelegter Fuchs muss ohne besonderen Befehl gefunden und gebracht werden
- **VBr. (Verlorenbringerprüfung):**
  kranker Hase oder Fuchs muss mindestens 300 m verfolgt und gebracht werden (im praktischen Jagdbetrieb)
- **Schärfe- und Härtenachweise** (im praktischen Jagdbetrieb)

Welche Prüfungsinhalte werden bei der VJP geprüft?

Die VJP ist eine **Anlagenprüfung** bei **Vorstehhunden** und findet im **Feld** statt. Demnach werden typische **angewölfte Eigenschaften** eines Vorstehhundes geprüft, die er im Feld bei der **Suche** zeigen muss. Es handelt sich also um Arbeiten **vor dem Schuss:**

- Hasenspur (entfällt bei Derby; Derby = VJP bei DK)
- Nase
- Suche
- Vorstehen
- Führigkeit
- Schussfestigkeit wird festgestellt.

Welche Prüfungsinhalte werden bei der HZP geprüft?

Die HZP ist eine **Anlageprüfung** bei **Vorstehhunden** und findet **im Feld und im Wasser** statt. Es werden typische angewölfte Eigenschaften geprüft, die ein Vorstehhund im Feld und im Wasser zeigen muss. Hinzu kommen die ersten Abrichtefächer, also Arbeiten vor und nach dem Schuss:

Feld:
- Hasenspur (**entfällt bei „Solms“**; Solms = HZP bei DK)
- Nase, Suche, Vorstehen, Führigkeit, Schussfestigkeit
- Federwildschleppe
- Haarwildschleppe **(nur bei HZP im Feld, sonst bei allen Prüfungen Waldfach)**
- allgemeiner Gehorsam

Wasser:
- Verlorenbringen einer toten Ente aus tiefem Schilfwasser
- Schussfestigkeit am Wasser
- Stöbern hinter lebender Ente
- Schussfestigkeit wird festgestellt.

Welche Prüfungsinhalte werden bei der VGP geprüft?

Die VGP ist die **Meisterprüfung der Vorstehhunde**. Da Vorstehhunde in Deutschland **Vollgebrauchshunde** sind, die eigentlich außer Bauarbeit alles können müssen, werden **alle wichtigen Tätigkeiten im Feld, Wald und Wasser sowie der vollendete Gehorsam geprüft.**

Feld:
- Nase, Suche, Vorstehen, Führigkeit
- Federwildschleppe

Wald:
- Schweißarbeit
- Stöbern
- Buschieren
- Haarwildschleppe
- Fuchsfächer (Schleppe; Fuchs über Hindernis)

Wasser:
- Schussfestigkeit
- Verlorenbringen aus tiefem Schilfwasser
- Stöbern hinter der lebenden Ente **(entfällt, wenn HZP bereits absolviert)**
- Stöbern ohne Ente

vollendeter Gehorsam (kleine Waldfächer):
- Verhalten am Stand
- Leinenführigkeit
- Folgen frei bei Fuß
- allgemeiner Gehorsam
- Ablegen mit Schuss
- Schussfestigkeit wird festgestellt

Wie lang sind die Schweißfährten bei der BP, VGP, GP, VSwP? (Achtung, BP landesrechtliche Abweichungen)

- **BP:** 400 m (600 m für die eingeschränkte Brauchbarkeit; nur für Nachsuchen auf Schalenwild)
- **VGP:** 400 m
- **GP:** 400 m
- **VP:** 600 m
- **VSwP:** 1.000 m

Erwünschte und unerwünschte Eigenschaften

Welche erwünschten Eigenschaften sollte ein Jagdhund aufweisen?

Je nach Hunderasse bzw. Einsatzgebiet sind folgende Eigenschaften erwünscht:

Allgemein:
- Spurwille: Drang, eine Spur auszuarbeiten (dazu spur- bzw. sichtlaut)
- Spursicherheit
- Wasserfreude
- Bringfreude
- Führigkeit: Fähigkeit, Verbindung zum Führer zu halten.
- Leinenführigkeit: Hund geht ruhig und dicht bei Fuß an der Leine.
- Wesensfestigkeit: Fähigkeit, sich mit ungewohnten Situationen zurechtzufinden.
- Härte: Unempfindlichkeit gegenüber äußeren Verletzungen
- Schärfe: Mut (Wildschärfe, Raubzeugschärfe Mannschärfe)
- Schussfestigkeit

Bei der Suche:
- Vorstehen: Anzeigen von Wild durch Erstarren (auch Vorliegen); nur beim Vorstehhund (Feldarbeit)
- Durchstehen: Vorstehhund steht vor, bis der Schütze das Wild heraustritt.
- Nachziehen: Beim Vorstehen folgt der Hund schleichend dem wegziehenden Wild.
- Sekundieren: Hund steht vor ohne Wittrung, weil ein zweiter Hund mit Wittrung vorsteht.
- Mitstehen: Zwei Hunde stehen jeweils mit Wittrung gleichzeitig vor.

Beim Stöbern:
- Spurwille und Spursicherheit
- Bogenreines Jagen: Hund verlässt beim Stöbern das Treiben nicht.

Bei der Schweißarbeit:
- Totverweisen: Hund verweist das tote Stück Wild, indem er den Führer zum Stück führt.
- Bringselverweiser: Hund zeigt beim Verweisen seinen Erfolg durch ein Bringsel an (trägt Bringsel im Fang).
- Totverbellen: Hund ruft Führer zum Wild durch Bellen.
- Stellen von lebendem Wild (mit Standlaut)
- Ggf. töten von lebendem Wild (abtun)

Welche unerwünschten Eigenschaften sollte ein Jagdhund nicht aufweisen?

Allgemein:
- Schussscheue: Angst beim Schuss
- Schussempfindlichkeit: Ängstlichkeit; Vorstadium zur Schussscheue
- Schusshitze: Hund kann nach dem Schuss den Such-Befehl nicht erwarten und prellt sofort los.
- Handscheue: Hund kommt aus Angst vor Bestrafung nicht zum Führer; Abrichtefehler
- Wasserscheue: Hund hat Angst vor Wasser und nimmt Wasser nicht an.

Bei der Suche:
- Nachprellen: Vorstehhund rennt abstreichendem Wild nach, anstatt durchzustehen.
- Blender: Hund steht vor ohne Wild.
- Blinker: Hund zeigt vorhandenes Wild nicht an.

Bei der Schweißarbeit und beim Verlorenbringen:
- Changieren: Hund wechselt von der Wundfährte auf eine Gesundfährte (Verleitfährte).

- Knautscher: Hund packt Wild zu fest und beschädigt dabei den Wildkörper.
- Anschneider: Hund frisst Wild an oder auf.

Welche unerwünschten Laute werden unterschieden?

- **Waidlaut:** Hund gibt Laut ohne Grund (ohne Wild).
- **Baulaut:** Waidlaut unter der Erde

Eigenschaften, Einsatzgebiete und Prüfungen der einzelnen Jagdhunderassen

Vorbemerkungen:
I. d. R. muss der Prüfling zu Beginn der Jägerprüfung anhand von Bildern einige Hundeschläge bestimmen, sie einer Rasse zuordnen und ggf. typische Eigenschaften und Arbeitsgebiete nennen sowie Prüfungen aufzählen, an denen der Hund teilnehmen kann. Kleinere Verwechslungen beim Erkennen von Schlägen innerhalb einer Rasse, z. B. DSt mit DD, sind nicht gravierend.
Bei den Prüfungen ist zu beachten, dass jeder Jagdhund mit Papieren an der BP und einer VSwP teilnehmen kann. Für die BP bestehen existieren Ländervorschriften.
Jeder Jagdhund, der kräftig genug ist, kann auch eine Bringtreueprüfung oder Verlorenbringerprüfung absolvieren.

Vorstehhunde:

- **Feldspezialisten – Suche und Vorstehen;** nur Vorstehhunde können vorstehen
- **Vollgebrauchshunde** können **alle Arbeiten** im Feld, Wald und Wasser meistern, außer Bauarbeit und Brackieren.
- Prüfungen (allgemein): BP, VSwP, Btr, Vbr
- spezielle Vorstehhundeprüfungen: VJP, HZP, VGP

Stöberhunde:

- besondere Eigenschaften: **Nase, Spurwille, Spursicherheit, Spurlaut, bogenreines Jagen**
- Einsatzgebiete: **fast alle Arbeiten im Feld, Wald und Wasser** außer Bauarbeit, Brackieren, Vorstehen und Suchjagd
- Prüfungen (allgemein): BP, VSwP, Btr, Vbr
- besondere Prüfungen: JP (Jugendprüfung), GP (Gebrauchsprüfung)

Bauhunde:

- besondere Eigenschaften: **Schärfe, Härte**
- Einsatzgebiete: **Bauarbeit, Stöbern, Schweißarbeit, Verlorenbringen** (Kaninchen, Federwild)
- Prüfungen (allgemein): BP, VSwP
- besondere Prüfungen: GP, Bauprüfung am Kunst- oder Naturbau auf Fuchs oder Dachs; bei Teckeln zusätzlich VP und Spurlautprüfung

Bracken:

- besondere Eigenschaften: **Nase, Spurwille, Spursicherheit, Spurlaut, Ausdauer**
- Einsatzgebiete: **Brackieren, Stöbern, Schweißarbeit, Verlorenbringen, Wasserarbeit**
- Prüfungen: BP, VSwP, Btr, Vbr, GP

Retriever:

- besondere Eigenschaften: **Nase, Bringfreude, Ausdauer, Führigkeit, Wasserfreude**
- Einsatzgebiete: **Verlorenbringen, Buschieren,** Schweißarbeit (nur Totsuchen wegen fehlender Schärfe und stummjagend)
- Prüfungen: BP, VSwP, Vbr, Btr

Schweißhunde:

- besondere Eigenschaften: **Nase, Finderwille, Hetzpassion, Lautfreudigkeit, Wesensfestigkeit, Wildschärfe**
- Einsatzgebiete: i. d. R. **nur auf Schweiß** geführt (HS nur auf Hochwild)
- Prüfungen: allgemein: BP, VSwP (beide unüblich)
- besondere Prüfungen: Vorprüfung (mit Fährtenschuh getretener Fährte), Hauptprüfung (reine Schweißprüfung auf natürlicher Wundfährte)

Wichtige Befehle und sonstige Begriffe

Befehle (Laut- und Sichtzeichen):

- „**Sitz**“: heben des Zeigefingers; Hund muss sich hinsetzen bis zum Abruf
- „**Platz**“: zeigen auf Lagerstelle; Hund muss den zugewiesenen Platz annehmen
- „**Down**“, „Halt“: Trillerpfiff u. senkrechter Arm; Hund muss sich auf Boden legen, Kopf auf Erde
- „**Such verloren, Apport**“: Hund muss Spur ausarbeiten und bringen
- **Such „verwund“**: Hund muss Wundfährte ausarbeiten
- „**Such voran**“: Hund muss Spur suchen – stöbern

Wichtige Begriffe:

- **Appell:** Gehorsam
- **Behang:** herabhängende Ohren und Alter bei Schweißhunden (1. Behang = 1 Jahr alt)
- **Feld:** Alter bei Vorstehhunden (1. Feld = 1 Jahr alt)
- **Genossen machen:** Belohnen nach erfolgreicher Schweißarbeit (mit Pansen oder Innereien)
- **Schnallen:** Riemen (und Halsung) abnehmen
- **Abdocken, Aufdocken:** abwickeln bzw. aufwickeln des Schweißriemens

wichtige Abkürzungen

Prüfungs- und Leistungsabzeichen des Jagdgebrauchshundverbandes e. V. (JGHV)	
VFSP	Verbands-Fährtenschuhprüfung
Sw Sw I/ Sw/I	Verbandsschweißprüfung bestanden im 1. Preis auf der über 20-Stunden-Fährte im 1. Preis auf der über 40-Stunden-Fährte
FS	Verbandsfährtenschuhprüfung bestanden (FS II/ = im 2. Preis)
VPS	Verbandsprüfung nach dem Schuss
Btr	Bringtreueprüfung (Fuchs)
\ oder LN	Lautjagerstrich oder LN = Lautjagernachweis (Spurlaut oder Nachweis lautes Stöberns)
/ oder HN	Härtenachweis
-	Totverbeller
|	Totverweiser
Vbr	Verlorenbringer auf natürlicher Wundspur (Hase oder Fuchs)
AH	Armbruster-Haltabzeichen (Gehorsam an jedem sichtigen Hasen und anschließend mindestens gute Arbeit an einer zugewiesenen Spur)
VStP	Verbandsstöber-Prüfung

Kapitel 3

Wildbrethygiene, Wildverwertung, Lebensmittelrecht, Wildkrankheiten

Gliederung:

1. Behandlung erlegten Wildes
2. Wildkrankheiten

Behandlung erlegten Wildes

Wann beginnt die Wildbrethygiene?

Vor dem Schuss, indem das Wild auf bedenkliche Merkmale hin beobachtet wird (verändertes Verhalten, Verlust der Scheu) – vergleichbar mit der „Lebendbeschau" bei Schlachtvieh.

Was hat mit Wild nach dem Erlegen zu geschehen, wenn es dem menschlichen Verzehr zugeführt werden soll?

- Wild ist unverzüglich zu versorgen (ausweiden bzw. aufbrechen).
- Wild ist alsbald nach dem Erlegen an einen kühlen Ort zu verbringen und muss auf eine Kerntemperatur von höchstens +7 °C gekühlt werden (Hasenartige und Federwild auf +4 °C). Keinesfalls darf Wild gefroren werden.

Worauf hat der Jäger vor und nach dem Schuss auf zum Verzehr bestimmtes Wild zu achten?

Auf bedenkliche Merkmale, sofern er vor oder nach dem Schuss bedenkliche Merkmale feststellt, darf das Wild nur nach einer amtlichen Fleischuntersuchung dem Verzehr zugeführt werden werden.

Nennen Sie bedenkliche Merkmale vor und nach dem Schuss.

- **Abnorme Verhaltensweisen** (Verlust der Scheu, Durchfall usw.)
- **Geschwülste oder Abszesse** (wenn zahlreich)
- **Schwellungen der Gelenke oder Hoden**
- **Fremder Inhalt in den Körperhöhlen** (insbes. Magen-Darminhalt oder Harn)
- **Verfärbung von Brust- oder Bauchfell** (bei Haarwild)
- **erhebliche Gasbildung** im Magen-Darmkanal **mit Verfärbung der inneren Organe** (Haarwild)
- erhebliche **Abweichungen der Muskulatur oder der Organe in Größe, Farbe, Konsistenz oder Geruch**
- erhebliche **Abmagerungen** oder Schwund einzelner Muskelpartien (Haarwild)
- frische **Verklebungen** oder Verwachsungen von Organen mit Brust- oder Bauchfell (Haarwild)
- Geschwülste und Wucherungen im Kopfbereich oder an den Ständern (bei Federwild)
- Verklebte Augenlider, sowie Verklebungen der Befiederung, Haut- und Kopfanhänge sowie Ständer (Federwild)
- Schwellungen der Leber oder der Milz, Entzündungen des Herzens, des Darms, des Drüsen- oder Muskelmagens (Federwild)
- Schwellungen der Gelenke, erhebliche Abmagerung und Schwund einzelner Muskelpartien (Federwild)

Was hat der Jäger bei Schwarzwild (Alles- und Fleischfresser) zudem zu beachten?

Es muss eine amtliche Trichinenuntersuchung erfolgen. Probeentnahme durch den für den Erlegungs- oder Wohnort zuständigen Tierarzt oder durch geschulte und autorisierte Jäger.

Gibt es auch Fälle, in denen eine amtliche Fleischuntersuchung anberaumt werden muss, ohne dass bedenkliche Merkmale vorliegen?

Ja, bei Abgabe an Wildbearbeitungsbetriebe (z. B. Wildhandel). Metzger und Gastwirte zählen aber i. d. R. nicht dazu.

Was verstehen Sie unter Primärproduktion?

Unter Primärproduktion verstehen wir das Erlegen und Ausweiden von Wild. Dazu bedarf es weder einer Registrierung noch einer Zulassung. Als Primärprodukt bezeichnen wir z. B. einen aufgebrochenen Rehbock in der Decke.

Darf ein Jäger auch über die Primärproduktion hinaus tätig werden?

Ja, sofern ...

- das Wild im eigenen Haushalt verbraucht wird, darf er Wild sowohl zerwirken als auch verarbeiten (z. B. zu Wurst, Schinken);
- **Wildfleisch** abgegeben wird, ist eine Registrierung erforderlich. Eine Abgabe ist ohne Weiteres möglich, wenn der Jäger zum Kreis der kundigen Personen zählt (s. u.) und das Wild ganz oder zerwirkt (nicht weiterverarbeitet) in geringen Mengen (= Tagesstrecke) an einzelne natürliche Personen oder an Gaststätten bzw. Metzger im Umkreis von 100 km abgegeben wird.

Wie erfolgt die „Registrierung“?

Durch Anmeldung bei der Veterinärbehörde und eine durch diese Behörde erteilte Bescheinigung

Was ist eine „kundige Person“?

Als kundige Personen gelten Jäger, die nach dem 9.8.2007 die Jägerprüfung abgelegt haben oder eine entsprechende Schulung absolviert haben.

Grundsatz für den Umgang mit Lebensmitteln

- **Lebensmittel müssen sicher sein.**
- Jeder Jäger gilt als Lebensmittelunternehmer und trägt damit die Hauptverantwortung für von ihm in Verkehr gebrachtes Wild.
- Kleine Mengen Wild dürfen ohne amtliche Fleischuntersuchung nur von ausreichend geschulten Personen abgegeben werden.
- Die Abgabe von Wild oder Wildfleisch an örtliche Einzelhandelsunternehmen ist vom abgebenden Jäger unter Angabe der Art, Menge, des Datums der Abgabe und des Empfängers zu dokumentieren. Die Aufzeichnungen sind 2 Jahre lang aufzubewahren. Dies gilt nicht für die direkte Abgabe an Endverbraucher.
- Wild in der Decke ohne Innereien darf nur von kundigen Personen an Wildbearbeitungsbetriebe angeliefert werden. Die kundige Person muss eine Erklärung beifügen, nach der bei der Erstuntersuchung (Lebendbeschau und Untersuchung der inneren Organe) keine bedenklichen Merkmale festgestellt wurden.
- Zum Erlegen und Ausweiden von Wild (Primärproduktion) bedarf es weder einer Registrierung noch einer Zulassung.
- Zum Zerwirken von Wild bedarf es einer Registrierung als Lebensmittelunternehmer (unbürokratisch – dient nur einer möglichen Kontrolle der Wildkammer und Hygienevorschriften durch die Behörde).
- Zum Verarbeiten von Wild zu Schinken, Salami, Pasteten usw. bedarf es, sofern die Produkte nicht für den eigenen Haushalt bestimmt sind, i. d. R. einer Zulassung als Wildbearbeitungsbetrieb (wegen hoher Anforderungen, vergleichbar mit denen einer Metzgerei, für den normalen Jägerhaushalt nicht anzustreben).

Wichtige Verbote

Es ist verboten,

- **Fallwild** (Alter, Krankheit) **oder verendetes Wild** (z. B. verunfalltes, oder von Hunden zur Strecke gebrachtes Wild) **abzugeben;**
- Wild **mit bedenklichen Merkmalen** vor der Durchführung **der amtlichen Fleischuntersuchung** an den Endverbraucher **abzugeben;**
- Wild **vor einer erforderlichen amtlichen Trichinenuntersuchung** an den Endverbraucher **abzugeben**. Nach Abgabe der Trichinenprobe bis zur Mitteilung des amtlichen Ergebnisses gilt der Wildkörper, einschließlich der essbaren Innereien, als beschlagnahmt!
- Wild **unausgeweidet** an den Endverbraucher **abzugeben;**
- Wild **in der Decke** bzw. **im Federkleid einzufrieren;**
- **Wildkörper zu lagern oder zu befördern, ohne die vorgeschriebenen Temperaturen von höchstens +7 °C für Großwild und höchstens +4 °C für Kleinwild einzuhalten.**

Hygienevorschriften für die Abgabe von Wildfleisch
(gehäutet oder zerwirkt)

- **Arbeitskleidung** muss sauber, hell und leicht waschbar sein. Einweghandschuhe, Einwegtücher, Schürze müssen vorhanden sein.
- **Hände** sind regelmäßig zu reinigen und zu desinfizieren.
- **Einrichtungsgegenstände** und Arbeitsgeräte müssen ständig sauber sein (regelmäßig reinigen und desinfizieren). Metallteile (Haken u. Ä.) müssen aus nicht rostendem Material bestehen.
- **Tische**, Schneidunterlagen müssen aus glattem abrieb- und korrosionsfestem, ungiftigem, leicht zu reinigendem Material bestehen (kein Holz).
- Der Jäger darf nicht an übertragbaren **Krankheiten** leiden.

Anforderungen an die Wildkammer bei Abgabe von Wildfleisch
(gehäutet oder zerwirkt)

Wildkammer muss folgenden Anforderungen genügen:

- Werkzeug, Einweghandschuhe, Einwegtücher, Schürze müssen vorhanden sein.
- hygienisch einwandfrei und alles sauber; ggf. Dampfstrahler, heißes Wasser (Desinfektion der Arbeitsgeräte)
- gutes Licht, Fliegengitterfenster, Wasserabfluss
- **Fußböden und Wände müssen leicht zu reinigen**, Wasser abstoßend und abriebfest sein und aus ungiftigem Material bestehen. Böden müssen so beschaffen sein, dass Wasser leicht in abgedeckte, geruchssichere Abläufe abfließen kann. Decken müssen so gebaut sein, dass Kondenswasserbildung, Schimmelbefall sowie das Ablösen von Material auf ein Mindestmaß beschränkt werden.
- **Fenster** sind während der Fleischbearbeitung **geschlossen** zu halten **bzw. mit** einem **Insektengitter** zu versehen.
- Eine **angemessene Beleuchtung** muss vorhanden sein, die Farben nicht verändern und Abweichungen am Fleisch erkennen lassen.
- Einrichtungen zur Reinigung und Desinfektion der Hände **mit heißem, fließendem Wasser** (Trinkwasserqualität) sowie mit hygienischen Mitteln zum Händetrocknen müssen vorhanden sein.
- Putzmittel und Putzgeräte müssen separat gelagert werden (ggf. Dampfstrahler).
- **Kühlmöglichkeit** muss vorhanden sein. Thermometer müssen vorhanden sein.
- **Entsorgungsmöglichkeit** von Abfällen aller Art muss bereitstehen (ggf. Kontakt zur nächsten TBA (Tierkörperbeseitigungsanstalt)).

Folgende Vermarktungswege müssen unterschieden werden:

1. Verbrauch im eigenen Haushalt
2. Abgabe kleiner Mengen von Primärerzeugnissen (Wild in der Decke) an Endverbraucher oder an örtliche Einzelhändler
3. Abgabe von kleinen Mengen Wildfleisch (aus der Decke geschlagen und evtl. zerwirkt) an Endverbraucher oder örtliche Einzelhändler
4. Abgabe von Primärerzeugnissen an zugelassene Wildbearbeitungsbetriebe

1. Verbrauch im eigenen Haushalt

- keine Registrierung als Lebensmittelunternehmer erforderlich
- Pflicht zur Untersuchung auf bedenkliche Merkmale durch den Jäger selbst
- bei bedenklichen Merkmalen amtliche Fleischuntersuchung vorgeschrieben (Wild mit Organen muss vorgelegt werden.)
- grundsätzliche Untersuchungspflicht auf Trichinen bei Fleisch- und Allesfressern

2. Abgabe kleiner Mengen von Primärerzeugnissen (Wild in der Decke) an Endverbraucher oder örtliche Einzelhändler

Es gelten die Regelungen von Vermarktungsweg 1 und zusätzlich:

- **nur erlegtes Wild** darf abgegeben werden
- **nur geschulte Personen** dürfen abgeben
- **nur kleine Mengen** (bis zu einer Tagesstrecke)
- **nur an Endverbraucher** (Nachbarn, Verwandte, Freunde) **oder an örtliche Einzelhandelsbetriebe** (Metzger, Gastwirte im Umkreis von 100 km vom Wohnort oder Erlegungsort)
- **Die Abgabe** an örtliche Einzelhandelsbetriebe ist nach Art, Menge, Datum und Empfänger zu **dokumentieren.**

3. Abgabe von kleinen Mengen Wildfleisch (aus der Decke geschlagen und evtl. zerwirkt) an Endverbraucher oder örtlichen Einzelhändler

Es gelten die Regelungen von Vermarktungsweg 2 und zusätzlich:

- Der **Jäger muss sich** als Lebensmittelunternehmer **registrieren** lassen. Sinn dieser Vorschrift ist, dass der Jäger als Produzent von Lebensmitteln auch der Lebensmittelüberwachung durch die Behörde unterliegt. Registrierung hat also nicht mit einer evtl. Gewerbeanmeldung oder Meldung aus steuerlichen Gründen (Umsatzsteuer) zu tun.
- **Spezielle Hygienevorschriften müssen beachtet werden (s. o.).**
- **Entsprechende Räumlichkeiten** (Wildkammer) für hygienisches Zerwirken **muss** zur **Verfügung stehen (s. o.).**

4. Abgabe von Primärerzeugnissen an zugelassene Wildbearbeitungsbetriebe

Es gelten die Regelungen von Vermarktungsweg 3 und zusätzlich:

- Abgabe **mengenmäßig nicht beschränkt** (auch mehr als eine Tagesstrecke ist möglich)
- Abgabe grundsätzlich **nur durch kundige Person** zulässig
- Anlieferung in der Decke bzw. Schwarte **mit einer Erklärung, dass keine bedenklichen Merkmale festgestellt** wurden
- **Amtliche Fleischuntersuchung im Betrieb ist dennoch erforderlich.**
- Falls bedenkliche Merkmale durch kundige Person festgestellt wurden oder keine kundige Person (z. B. nur geschulte Person) beim Erlegen und Versorgen anwesend war, muss Abgabe mit Geräusch (Herz, Lunge, Leber, Milz, Nieren) erfolgen.

Welche Besonderheiten gelten für die Vermarktung über Wildbearbeitungsbetriebe?

- Wild wird, wie bei Schlachtvieh, im Bearbeitungsbetrieb amtlich untersucht.
- Abgabe von Wild in der Decke ist auch überregional zulässig.
- Auch große Mengen von Wild (mehr als eine Tagestrecke) kann abgegeben werden.
- Innereien müssen nicht vorgelegt werden, wenn kundige Person diese bereits untersucht hat und auf einem Wildbegleitzettel bescheinigt, dass keine bedenklichen Merkmale vorlagen (sofern keine derartige Bescheinigung ausgestellt wurde, sind die roten Organe zur Fleischuntersuchung vorzulegen).

Welche Gesetze muss der Jäger im Zusammenhang mit der Wildverwertung beachten?

1. LMFG: Lebensmittel- und Futtermittelgesetz
2. LMHV: Lebensmittelhygieneverordnung
3. Tier-LMHV: Tierische Lebensmittel-Hygieneverordnung
4. Tier-LMÜV: Tierische Lebensmittel-Überwachungsverordnung

Was müssen Sie bezüglich der Kühlkette bei der Wildbretgewinnung beachten?

Kühlkette darf nicht abreißen.

Welche Aufzeichnungspflicht haben Sie als Jäger bei der Wildabgabe zu beachten?

Es muss ein lückenloser Nachweis der Lieferkette geführt werden. Die Unterlagen sind 2 Jahre aufzubewahren. Bei Abgabe direkt an Endverbraucher gilt diese Vorgabe nicht.

Wie versorgen Sie einen Rehbock? (klassische Methode)

1. Pinsel anheben und denselben mit der ihn umgebenden Decke großzügig mitsamt Brunftrute, Samensträngen und Brunftkugeln bis zum Weidloch von der Bauchdecke lösen.
2. Bauchdecke oberhalb des Schlosses anritzen und Nahtstelle zwischen den Keulen bis auf Knochen (Schloss) durchtrennen.
3. Schlossnaht ertasten und öffnen (Säge oder Schere)
4. Bauchdecke vom Schloss bis zum Kinnwinkel einschließlich Brustbein öffnen
5. Schlund und Drossel oberhalb des Drosselknopfes durchschärfen und im Bereich des Trägers freilegen
6. Zwerchfell beidseitig lösen und den gesamten Aufbruch nach hinten aus dem Wildkörper ziehen, indem Drossel und Schlund mit einer Hand gepackt werden und mit der anderen Hand ggf. nachgeschärft wird.
7. Herauslösen des Weidlochs und aufschärfen der Brandadern

Beschreiben Sie den Ablauf beim Aufbrechen von Schalenwild.

- Totbeschau (Augenschein): Ist die Schussverletzung Todesursache? Wenn nicht: bedenkliches Merkmal
- Aufbrechmethode wählen: klassisch oder ringeln
- Öffnung der Bauchdecke von Keulen, über Brustbein (öffnen) bis zum Drosselknopf
- Schlund und Drosselknopf fassen und herausziehen. Dabei am Zwerchfell mit dem Messer nachhelfen, d. h. dieses bis zum Rücken seitlich lösen.
- Somit hängt an einem Strang: Lunge, Herz, Zwerchfell mit Leber, Pansen mit Milz, Gescheide.
- alles seitlich Ablegen, Weiddarm nicht abreißen
- Schloss aufbrechen oder ringeln
- Weiddarm und Blase entfernen
- Fertig zum Auskühlen
- Brandadern öffnen

An welchen Punkten ist beim Aufbrechen besondere Vorsicht geboten?	• Bei der Öffnung der Bauchdecke muss vermieden werden, dass Pansen verletzt wird, daher Klinge zwischen zwei Fingern führen oder spezielle Aufbruchklinge verwenden. • Beim Öffnen der Schlossnaht darf die darunterliegende Blase nicht verletzt werden.
Welche Vorteile bringt das Ringeln beim Aufbrechen?	Schloss wird nicht aufgebrochen, Keulen trocknen nicht aus.
Sollte man den Wildkörper nach dem Versorgen auswischen oder ausspülen?	Sofern Verunreinigungen festgestellt werden, muss Ausspülen mit Wasser in Trinkwasserqualität erfolgen. Auswischen darf nur mit hygienisch sauberen Tüchern (Küchenrolle) durchgeführt werden. Bei starken Verunreinigungen (z. B. Panseninhalt, Wildbret mit starken Blutergüssen, versulztes Fleisch) sind betroffene Partien (z. B. Flanken) großzügig wegzuschneiden.
In welche Teile wird Schalenwild grob zerlegt?	2 Blätter, 2 Keulen, 1 Ziemer (Rücken), 1 Träger, 2 Flanken (Bauchlappen mit Rippenstück)

Begriffsbestimmungen:

Aus der Decke schlagen:	Abziehen der Decke bei Schalenwild außer Schwarzwild
Abschwarten:	Abziehen der Schwarte bei Schwarzwild und Dachs
Abbalgen:	Abziehen des Balges bei Hasen und Kaninchen
Streifen:	Abziehen des Balges bei Haarraubwild
Zerwirken:	Zerlegen von Wild (küchenfertig machen)
Aufbruch:	Innereien von Wild
Geräusch:	Organe von Schalenwild (Herz, Leber, Lunge, Nieren, Milz)
Großes Gescheide:	Magen, Pansen, Waidsack
Kleines Gescheide:	Gedärme und Geschlechtsorgane
Vorschlag:	Haupt samt Träger und die ersten drei Rippen bei Schalenwild
Kleines Jägerrecht:	Aufbruch und Trophäe (Aufbruch erhält der Aufbrechende, Trophäe steht dem Erleger zu)
Großes Jägerrecht:	Kleines Jägerrecht, Vorschlag, Decke (früher Entlohnung der Berufsjäger)
Verhitzen:	Wildbret verdirbt bei warmer Witterung aufgrund einer Gärung. Ursache: falscher Transport (z. B. geschlossener Kofferraum, Rucksack). Es erfolgt stickige Reifung (Wildbret wird rötlich, später kupferrot und schmierig).
Stich:	Halsgrube
Schloss:	knorpelige Verbindung der beiden Beckenknochenhälften
Schlund:	Speiseröhre
Drossel:	Luftröhre

Drosselknopf: Kehlkopf

Ziemer: Rücken

Pinsel: Haarbüschel am Austritt der Brunftrute

Brunftkugeln: Hoden

Klötze, Steine: Hoden bei Schwarzwild

Brunftbrand: schwarzer Fleck vor dem Pinsel bei Rotwild und Schwarzwild (übel riechend, aus Sperma bestehend)

Brandadern: sichtbare Venen an der Innenseite der Keulen (Oberschenkelvenen)

Lüften: Öffnen der Bauchdecke und Spreizen derselben zum Auskühlen, wenn aus irgendwelchen Gründen nicht sofort aufgebrochen werden kann. Bei Schwarzwild werden zusätzlich die Blätter unterseits vom Wildkörper gelöst (bleiben an der Schwarte).

Ringeln: Herauslösen des Waiddarms bei Schalenwild vom Weidloch her, damit das Schloss nicht geöffnet werden muss. Es soll dadurch ein Austrocknen der Keulen verhindert werden.

Wichtige Definitionen

Großwild: Schalenwild (Lebensmittelrecht)

Kleinwild: Federwild, Hasen, Kaninchen (Lebensmittelrecht)

Wild (Primärerzeugnis): erlegtes **Wild in Decke bzw. Schwarte** (lediglich aufgebrochen und ausgekühlt auf Umgebungstemperatur, weder gehäutet, noch zerwirkt)

Wildfleisch: **Wildbret, das bereits zerwirkt**, oder **auch nur enthäutet oder gerupft** ist (kein Primärprodukt mehr).

Erlegtes Wild: nach jagdrechtlichen Vorschriften, **i. d. R. durch Schuss,** zu Tode gekommenes Wild

Verendetes Wild:

- verunfalltes Wild, also **durch andere äußere Einwirkungen** (also nicht im Rahmen des Jagdbetriebs erlegt); ohne Schussverletzung **zu Tode gekommenes Wild**
- **darf nicht in Verkehr gebracht werden**

Fallwild:

- ohne Anzeichen von Gewalteinwirkung, also krankheits- oder altersbedingt zu Tode gekommenes Wild
- stets genussuntauglich

Örtliche Einzelhandelsbetriebe: **Metzgereien und Gaststätten**, die an Endverbraucher abgeben, **im Umkreis von 100 km vom Wohnort des Jägers oder Erlegungsort**

Kleine Mengen: maximal die Strecke eines Jagdtages

Kundige Personen:

- Jagdscheininhaber, die ab 9.8.2007 die Jägerprüfung abgelegt haben; alle anderen, sofern sie bzgl. der neuen Rechtsvorschriften nachgeschult wurden.

	• **Nur erforderlich, wenn Wild ohne roten Organe (Geräusch) an zugelassene Wildbearbeitungsbetriebe abgegeben wird** • Sie sind **verantwortlich für die Lebendbeschau und Untersuchung der inneren Organe.** • Dürfen im zugelassenen Wildbearbeitungsbetrieb ohne Geräusch anliefern, wenn sie eine **Erklärung beifügen, dass bei Erstuntersuchung keine bedenklichen Merkmale festgestellt wurden.**
Ausreichend geschulte Personen:	• Jagdscheininhaber, die nach dem 1.2.1987 die Jägerprüfung abgelegt haben oder dies durch entsprechende Schulung belegen können. • **erforderlich für Abgabe von Wild oder Wildfleisch an Endverbraucher, Metzgereien oder Gaststätten** • **Sie sind verantwortlich für die Lebendbeschau und Untersuchung der inneren Organe.** • **Müssen** aufgrund der Voruntersuchung **entscheiden, ob eine amtliche Fleischuntersuchung erforderlich ist.**
Was sind bedenkliche Merkmale vor dem Schuss?	• **Verändertes Verhalten** wie Verlust der Scheu, schwankender Gang, Apathie • **Verändertes Aussehen** (starke Abmagerungen, verschmutzte Spiegel ...)
Was muss bei der Gewinnung von Wildfleisch beachtet werden?	Wild in der Decke darf **nicht** mit zerwirktem Wild in Berührung kommen. Wildfleisch darf nicht mit fremden Fellen, Gefieder etc. in Berührung kommen.

Strecke legen
Beim Streckelegen müssen die brauchtumsgerechten Gepflogenheiten hinter den lebensmitterechtlichen Verpflichtungen zurückstehen. Daher überlegen Sie in jedem Einzelfall, ob es sinnvoll ist, beim Streckelegen zu große Wildmengen zur Schau zu stellen. Genügt es vielleicht, symbolisch von jeder Wildart eine oder wenige Kreaturen zur Schau zu stellen?
Wichtig: Der Fuchs gehört aus hygienischen Gründen nicht mit den Hasen und Fasanen zusammen auf den Wildwagen und auch nicht auf die abendliche Strecke. Trotzdem sollte der Brauch beibehalten werden, für den Fuchs einen Schützenbruch zu vergeben und diesen auch, wie das übrige Wild, zu verblasen.

Wie ist Wild zu transportieren?	• Wild darf nicht übereinandergelegt werden (Gefahr der Verunreinigung und stickige Reifung). • Kleinwild am besten luftig hängend

Ablauf beim Zerwirken eines Stückes Rehwildes (liegend auf einem Tisch)

- Rundschnitt am rechten Vorderlauf oberhalb des Sprunggelenks
- Decke auf der Innenseite der Läufe bis zum Brustbein aufschärfen
- Decke von Läufen, Brustbein und Blättern lösen
- Decke von den Körperseiten (Flanken bis zum Rücken) lösen
- Stück liegt nun auf der Decke und kann zerteilt werden.

Das Stück kann natürlich auch im Hängen zerwirkt werden. Meist hängt dabei das Haupt nach unten. Es ist aber auch möglich, das Stück am Unterkiefer aufzuhängen.

Ablauf beim Abschlagen und Aufsetzen eines Geweihs

- Haupt unmittelbar am Träger (Atlas: 1. Halswirbel) abschärfen
- Decke grob entfernen und Unterkiefer heraushebeln
- Gehörn mittels Gehörnsäge abschlagen (vom Oberkiefer trennen)
- Entfernen des Gehirns

- Wässern des Oberschädels und Unterkiefers (24 Stunden)
- Auskochen mit Wasser und etwas Spülmittel
- Abschrecken, damit Fett gebunden wird
- Entfernen der Reste von Decke, Wildbret und Knochenhaut
- Bleichen des Schädels sowie Unterkiefers mit handelsüblichen Bleichmitteln

Ablauf bei Entnahme von Keilerwaffen

- Bei Keilern bis **ca. 5 Jahren**: Unterkiefer **auf Höhe M I** durchsägen, abkochen und Gewehre (sitzen zu 2/3 im Unterkiefer) nach **hinten** entnehmen
- Bei Keilern **ab ca. 6 Jahren:** Unterkiefer abkochen und Gewehre nach vorn herausziehen
  - » Haderer (ebenso Haken der Bache): Abkochen und Zähne in Wachstumsrichtung herausziehen

Ablauf beim Abbalgen eines Kaninchens bzw. Hasen

Achtung: Darf unausgeweidet nicht abgegeben werden!

- Rundschnitt an beiden Hinterläufen
- Schnitt von einem Hinterlauf zum anderen durch das Weidloch
- An beiden Hinterläufen aufhängen
- Balg Richtung Kopf ziehen
- Vorderläufe auslösen und am Vorderfußwurzelgelenk abtrennen
- Balg über Kopf ziehen, dabei an den Löffeln mit dem Jagdmesser nachhelfen
- Duftdrüsen am Weidloch abschärfen (nicht beim Hasen)

Ablauf „Ruck-Zuck-Methode" beim Kaninchen

- Rundschnitt um den Wildkörper etwa am Ansatz des Brustbeines (aus Richtung der Keulen gesehen)
- Im Bereich des Rückens den Balg fassen und mit kräftigem, ruckartigem Zug mit der linken Hand (z. B.) Richtung Löffel, mit der rechten Hand, in diesem Falle gleichzeitig in Richtung Blume ziehen.
- Kaninchen ist abgebalgt und braucht nur noch an den Branten und am Kopf ausgelöst werden.

Ablauf beim Versorgen von Federwild

Achtung: Darf unausgeweidet nicht abgegeben werden (genau wie Hase, Kaninchen)!

- Entfernen des Kropfes unmittelbar nach dem Schuss.
- Öffnen der Bauchhöhle mittels kleinen Schnittes rund um und oberhalb der Kloake. Um sauber arbeiten zu können, müssen dort zunächst die Federn entfernt werden.
- Herausnehmen sämtlicher Innereien einschließlich Magen und Leber mit zwei Fingern.
- Anschließend Kloake rundum abschärfen.
- An einem kühlen Ort auskühlen.
- Nach ca. 24 Stunden rupfen (vorher in heißes Wasser tauchen) bzw. häuten.
- Am besten das noch körperwarme Stück rupfen.
- Zweckmäßig ist das Tragen eines Mundschutzes, besonders bei Tauben (Puderdaunen) (evtl. auch Gefieder nass machen).

Wie wird erlegtes Federwild transportiert?

Am Galgen hängend, Kopf nach oben

Wie werden erlegte Hasen getragen bzw. transportiert?

An den Hinterläufen (ggf. zusammenbinden) hängend, Kopf nach unten; Nicht vergessen: Blase ausdrücken. Keinesfalls noch warm im Rucksack!

Was verstehen Sie unter „Versorgungshygiene"?

Die Versorgung von Wild, welches dem menschlichen Genuss zugeführt werden soll, entsprechend der lebensmittelrechtlichen Vorschriften

Wann muss Schalenwild aufgebrochen werden?

- So schnell wie möglich
- Bei Bewegungsjagen auf Schalenwild gilt die Faustregel:
  - » Bei niedrigen Temperaturen nach spätestens 3 Stunden
  - » Bei warmem Wetter nach spätestens 1,5 Stunden (Aufbrechpause)

Wann muss Federwild versorgt werden?

So schnell wie möglich ist der Kropf und das Gescheide sowie der Magen zu entfernen. Das Rupfen muss noch am Erlegungstag in der Wildkammer erfolgen, analog der Schlachtung von Hausgeflügel.

Wann müssen Hasen bei einer Feldtreibjagd versorgt werden?

Möglichst nach jedem Treiben

Wildkrankheiten – Kurzübersicht

Es besteht für den Jäger wie auch für jedermann eine **Anzeigepflicht**, wenn er Kenntnis oder den Verdacht auf eine Tierseuche (Wildseuche) erlangt. Zuständige Behörde ist der Amtstierarzt. Es kann auch Meldung bei UJB oder Polizei gemacht werden. Meldepflicht besteht, wenn man Kenntnis von einer meldepflichtigen Tierseuche erlangt, also nach einer Diagnose. Diese können wir, wie oben beschrieben, jedoch i. d. R. nicht selbst stellen. Also obliegt die **Meldepflicht** den Fachleuten bzw. Fachbehörden, welche die entsprechenden Untersuchungen durchgeführt haben.

Merke:
Wir Jäger müssen wissen, wie gesundes Wild, Wildfleisch und gesunde Organe **aussehen!** Wir Jäger müssen wissen, wie gesundes Wildfleisch **riecht!** Wir Jäger müssen wissen, wie sich gesundes Wildfleisch **anfühlt!**

Daher prüfen wir Wildfleisch auf Aussehen (Farbe), Konsistenz und Geruch!

Viruserkrankungen

Krankheit	Betroffene Art	Infektion	Merkmale	Besonderheiten
Tollwut	Säugetiere (Hauptüberträger: Fuchs)	Biss	• Verlust der Scheu • Beißphase (entfällt bei stiller Wut) • Lähmungserscheinungen • Tod	• Zoonose • anzeigepflichtig
Schweinepest (Europäische (ESP) und Afrikanische Schweinepest (ASP))	Schweine	Schleimhautkontakt	• Fieber • schwankender Gang • punktförmige Blutungen an Blase, Nieren, Kehlkopfdeckel	anzeigepflichtig
Myxomatose	Kaninchen	• Äsung • Insektenstich	• Löwenkopf • Schwellungen an Körperöffnungen	–
Geflügelpest (Vogelgrippe)	Vögel (i. d. R.)	direkter und indirekter Kontakt	Am lebenden Tier i. d. R. nicht erkennbar. Es werden an Rastplätzen von Zugvögeln vermehrt tote Tiere gefunden.	• Zoonose • anzeigepflichtig

Krankheit	Betroffene Art	Infektion	Merkmale	Besonderheiten
RHD (Chinaseuche)	Kaninchen	Äsung	innere Blutungen	–
EBHS (European brown hare syndrome)	Hasen	Äsung	Organentzündungen	–
FSME (Frühsommer-Meningoenzephalitis)	Säugetiere	Zeckenbiss	Hirnhautentzündung	Zoonose

Bakterielle Erkrankungen

Krankheit	Betroffene Art	Infektion	Merkmale	Besonderheiten
Borreliose	Mensch	Zeckenbiss	Hautrötung, Lähmungen	Zoonose
Aktinomykose (Strahlenpilz)	Schalenwild (besonders Reh)	• Äsung • Mundverletzung	Kieferwucherung	Zoonose
Salmonellose	Säuger, Vögel	Äsung	Darmentzündung	Zoonose
Pseudotuberkulose	Hasenartige, Nager	Äsung	gelbe Herde in Leber, Milz, Lunge	Zoonose
Ornithose, Psittakose (Papageienkrankheit)	Vögel	Atmung, Gefiederstaub	gesträubtes Gefieder, verklebte Nasen	Zoonose
Brucellose	Feldhase, Schalenwild (v. a. Schwarzwild)	Paarung und Säugen	Schwellung Milz und entzündete Geschlechtsorgane	Zoonose

Parasitäre Erkrankungen

Endoparasiten

Endoparasit	Betroffene Art	Infektion über	Symptome	Besonderheiten, Zwischenwirt
Magen-Darm-Würmer	alle Wildarten	Äsung	Durchfall, verkotete Hinterläufe	–
Lungenwürmer	Säuger	Äsung	Husten, Abmagerung	**kleiner:** Schnecke
Leberegel	Wiederkäuer, Hasen	Äsung	Verdickung der Gallengänge	**großer:** Schnecke **kleiner:** Schnecke + Ameise
Bandwürmer (Echinokokkose)	alle Wildarten	Äsung	Darmparasit	• Zoonose • Milben, Mäuse
Trichinen	Fleischfresser, Allesfresser	Äsung	Durchfall, Muskelbeschwerden	• Zoonose • Darmtrichine, • Muskeltrichine
Kokzidiose	Hasenartige, Fasan u. a.	Äsung	Durchfall	Herbsterkrankung bei Junghasen

Ektoparasiten

Ektoparasit	Betroffene Art	Infektion über	Symptome	Besonderheiten
Hautdassel	Reh-, Rotwild u. a.	Fliegen, Hautdasselfliegen	Beulen im Bereich des Rückens	• Eiablage • Überwintern im Wirt
Nasen-Rachendassel	Reh u. a.	Fliegen, Rachenbremsen	Husten	• Larvenablage (Lebendgeburt) • Überwintern im Wirt
Milben, Räude	Fuchs, Gams, Schwein	Körperkontakt	Haarausfall	• Erreger der Räude • Fallwild
Zecken	Säuger, Vögel	Biss	–	übertragen FSME und Borreliose

Nennen Sie Wildkrankheiten, die einen seuchenartigen Verlauf haben können.

Tollwut, Schweinepest (ASP und ESP), Geflügelpest (Vogelgrippe), Myxomatose, Räude

Was sind Zoonosen?

Krankheiten, die von Tieren auf Menschen übertragen werden können (auch umgekehrt).

Was sind mutierende Krankheiten?

Krankheiten, die sich bezüglich Ansteckung und Verlauf verändern bzw. an neue Gegebenheiten anpassen.

Sie wurden von einer Zecke gebissen. Es stellen sich kreisförmige Rötungen nach kurzer Zeit ein. Was vermuten Sie?

Ansteckung mit Borreliose (Arzt aufsuchen!)

Wie wird die Nagerseuche noch bezeichnet?

Pseudotuberkulose

Nennen Sie einen anderen Begriff für Hasenseuche.

Pasteurellose

Welche Krankheit ist mit „Hasenpest“ oder „Nagerpest“ gemeint?

Tularämie

Können Sie Brucellose beim Hasen selbst feststellen (wenn Sie kein Arzt sind)?

Nein, es handelt sich um eine bakterielle Krankheit. Diese kann nur vom Arzt bzw. einem Labor festgestellt werden.

Schildern Sie den Entwicklungskreislauf von einem Magenwurm in groben Zügen.

1. Erregeraufnahme (meist beim Äsen)
2. Entwicklung im Wildkörper
3. Ausscheiden (meist mit der Losung)
4. Entwicklung außerhalb des Wildkörpers (Wirt)

Inwiefern weicht der Entwicklungskreislauf des Großen Lungenwurms vom oben beschriebenen Kreislauf des Magenwurms ab?

Keine Abweichung, außer dem befallenen Ort, der Lunge. (Larven werden aufgehustet). Bei der Entwicklung außerhalb des Wildkörpers wird eine Schnecke (beim Schwarzwild Regenwurm) benötigt.

Inwiefern weicht der Entwicklungskreislauf des Kleinen Lungenwurms vom oben beschriebenen Kreislauf des Magenwurms ab?	Keine Abweichung, außer dem befallenen Ort, der Lunge (Larven werden aufgehustet). Bei der Entwicklung außerhalb des Wildkörpers wird eine Schnecke (beim Schwarzwild Regenwurm) benötigt.
Inwiefern weicht der Entwicklungskreislauf des Großen Leberegels vom oben beschriebenen Kreislauf des Magenwurms ab?	Keine Abweichung, außer dem befallenen Ort, der Leber. Bei Entwicklung außerhalb des Wildkörpers wird noch eine Schnecke benötigt. Die Flimmerlarven dringen in Zwergschlammschnecken ein, verlassen diese als geschwänzte Larven und verkapseln sich in einer Zyste, die dann mit Futterpflanzen aufgenommen werden.
Inwiefern weicht der Entwicklungskreislauf des Kleinen Leberegels vom oben beschriebenen Kreislauf des Großen Leberegels ab?	Bei Entwicklung außerhalb des Wildkörpers wird eine Schnecke und dann Ameise benötigt. Flimmerlarven dringen in Zwergschlammschnecken ein, verlassen diese als geschwänzte Larven und verkapseln sich in einer Zyste, die dann mit Futterpflanzen aufgenommen werden
Welcher Bandwurm ist auf Menschen übertragbar?	Der Fuchsbandwurm (Echinokokkus)
Was ist vorgeschrieben, damit Trichinen nicht auf Menschen übertragen werden?	Untersuchung des Tierkörpers, der zum menschlichen Verzehr verwendet werden soll (Schwarzwild und andere Fleisch- bzw. Allesfresser).
Nennen Sie Beispiele für Rundwürmer.	Magenwurm, Lungenwürmer, Darmwürmer, Peitschenwürmer (Blinddarm)
Nennen Sie ein Beispiel für Plattwürmer.	Bandwürmer
Nennen Sie Beispiele für Saugwürmer.	Leberegel, Blutegel

Beschreiben Sie in Kurzform den Entwicklungskreislauf der Rachenbremse.
Von Juni bis August schwärmen Rachenbremsen aus und legen Larven (Lebendgeburt) in den Windfang von z. B. Rehwild. Im Nasen-Rachenraum überwintern Larven. Das deutlich sichtbare Wachstum beginnt etwa im Februar. Im April, Mai werden die inzwischen bis 3 cm großen Larven ausgehustet und ausgeschüttelt, fallen zu Boden, verpuppen sich. Nach 4 bis 6 Wochen schlüpft die Fliege und das Ganze beginnt von vorn. Das befallene Tier kann nach Verlieren der Larven vollständig gesunden.

Beschreiben Sie in Kurzform den Entwicklungskreislauf der Hautdasselfliege.
Fliege legt Eier auf dem ausgewählten Tier, z. B. Rotwild, im Zeitraum von Mai bis August. Eier werden gern dort abgelegt, wo das befallene Tier nicht lecken oder kratzen kann (z. B. Achselhöhlen). Aus den Eiern schlüpfen nach wenigen Tagen Larven, die sich in die Haut bohren und unter dieser zu den Lieblingsorten, z. B. Rücken, wandern. Dort angekommen, bohren sie sich ein Atemloch. Während der anschließenden Überwinterung wachsen die Larven weiter. Etwa im März verlassen die Larven den Wirt, fallen zu Boden, verpuppen sich. Es schlüpft eine neue Fliege und alles beginnt von vorn. Das Wirtstier wird wieder genesen. Narben in der Haut verbleiben dennoch.

Welche Tierarten haben Einfluss auf die Verminderung von parasitären Erkrankungen?	Zahlreiche Singvögel – daher ist Singvogelschutz eine sinnvolle Hegeaufgabe.

Wer ist für die Trichinenuntersuchung verantwortlich?	Revierinhaber, aus dessen Revier das Wild stammt.
Kann die Verpflichtung zur Trichinenuntersuchung einem Mitjäger oder Metzger übertragen werden?	Ja (Schriftform empfehlenswert)
Was ist eine Rachenbremse und was legt diese am Wild ab?	Fliege (legt Larven ab)
Was legt eine Hautdasselfliege am Wildkörper ab?	Eier
Ist ein Reh, welches einen Befall mit Magenwürmern aufweist, genusstauglich?	Ja (i. d. R.), wenn ansonsten keine bedenklichen Merkmale vorliegen.
Welche Wurmarten werden unterschieden?	Rundwürmer (Spulwürmer), Plattwürmer, Saugwürmer

Kapitel 4

Waldbau, Landbau, Wildschäden, Wildhege

Gliederung:

1. Waldbau
2. Landbau
3. Wildschaden/Wildschadenverhütung
4. Wildbewirtschaftung
5. Wildhege/Fütterung

Waldbau

Welche 3 wichtigen Funktionen erfüllt unser Wald?	Nutz-, Schutz- und Erholungsfunktion
Welche Lichtbaumarten kennen Sie?	Kiefer, Lärche, Birke, Aspe, Weide, Eiche
Welche Schattbaumarten sind Ihnen bekannt?	Tanne, Buche, Hainbuche
Was sind Pionierbaumarten und welche kennen Sie?	Das sind Baumarten, die z. B. Brachflächen sehr schnell besiedeln. Meist handelt es sich um Baumarten mit geringen Ansprüchen an den Boden und **meist flugfähigen Samen wie z. B. Birke, Weide, Aspe.**
Welche Flachwurzler und welche Pfahlwurzler kennen Sie?	• Flachwurzler: Fichte • Pfahlwurzler: Eiche, Kiefer, Tanne
Was verstehen Sie unter dem Begriff Mast?	Es sind die **schweren Samen von Eiche, Buche, Kastanie u. a.**
Wie kann Wald entstehen?	**Naturverjüngung** durch Anflug, Aufschlag oder Stockausschlag, (Wurzelbrut Vogelsaat) **Kunstverjüngung** durch Saat, Pflanzung, Stecken
Welche Waldbetriebsarten werden je nach Verjüngungsform unterschieden?	• **Hochwald: aus Samen** gewachsen (nach Anflug, Aufschlag, Saat, Pflanzung) • **Niederwald: aus Stockausschlag** entstanden • **Mittelwald: Kombination** aus Stockausschlag und Samenwuchs
Welche Niederwaldbaumarten kennen Sie und wie wurden diese Wälder genutzt?	• Eiche, Hainbuche, Haselnuss • Wurden als Brennholz genutzt, indem die Wälder alle 20–30 Jahre streifenweise auf den Stock gesetzt wurden. Zusätzlich wurde die Eichenrinde zur Gerbstoffgewinnung genutzt.
Welche Entwicklungsstadien des Waldes kennen Sie (bei Bestandwirtschaft bzw. Altersklassenwald)?	Jungwuchs, Dickung, Stangenholz, Baumholz, Altholz

Welche Umtriebszeiten haben Fichte, Buche und Eiche?

- Fichte: 80–100 Jahre
- Buche: 120–150 Jahre
- Eiche: 180–300 Jahre

Auf welche Weise können Waldbestände geerntet werden?

Im Kahlschlagverfahren oder einzelstammweise nach dem Prinzip der Zielstärkennutzung

Welches sind die wichtigsten Merkmale der naturnahen Waldwirtschaft?

- **Keine Kahlschläge,** sondern Einzelstammwirtschaft
- Vorrang hat Naturverjüngung

Ziel: baumartenreiche, ungleichaltrige und mehrschichtige Dauerwälder mit möglichst standortgerechten Baumarten
Walderneuerung und Holzernte finden auf der gleichen Fläche zur gleichen Zeit statt.

Was verstehen Sie unter der Winkelpflanzung mit der Wiedehopfhaue?

Das Pflanzen mit Hacke, die auf der einen Seite wie ein Beil, auf der anderen Seite wie eine Hacke aussieht. Mit Beilseite Kerbe in Boden schlagen, mit der anderen Seite wird dann eine Art Winkel erzeugt. Hackenstiel wird nach der dem Winkel entgegengesetzten Seite weggedreht. So entsteht Öffnung, in welche Pflanze eingesetzt wird. Hacke wird entnommen, Pflanze wird mit Fuß festgetreten.

Was ist eine Pflanzlade, was eine Pflanzwiege?

Beförderungsgeräte, um junge Bäume bei Pflanzung zu transportieren. Pflanzlade ist wie ein Tablett mit Henkel, Pflanzwiege wie ein nach einer Seite offener Korb. Austrocknen der Pflanzen (insbesondere Wurzeln) soll vermieden werden.

Nennen Sie Forstschädlinge.

Buchdrucker und Kupferstecher (Borkenkäfer), Kiefernspinner, Eichenwickler, Eschenzwieselmotte, Eichenprozessionsspinner, Nonne usw.

Was verstehen Sie unter Forsteinrichtung?

Forsteinrichtung erfasst **vorhandene Holzvorräte**, berechnet die Holzmenge in Festmeter sowie die Zuwachsleistung und gibt **Vorgaben für Holzernte** nach dem Prinzip der Nachhaltigkeit.

Nennen Sie Waldbäume.

Nadelhölzer (Koniferen):
Fichte, Tanne, Kiefer, Douglasie, Lärche
Laubhölzer:
Stieleiche, Traubeneiche, Roteiche, Rotbuche, Hainbuche, Bergahorn, Feldahorn, Spitzahorn, Roterle, Weißerle, Pappeln (verschiedene Arten), Birken (verschiedene Arten), Sommerlinde, Winterlinde, Robinie, Rosskastanie, Edelkastanie, Weiden (verschiedene Arten)

Nennen Sie Sträucher.

Vogelbeere (Eberesche), Haselnuss, Schwarzer Holunder, Roter Holunder (Hirschholunder), Weißdorn, Schwarzdorn, Brombeere, Himbeere, Sanddorn, Ilex (Stechpalme), Ginster

Was sind Streuobstwiesen?

Wertvolle Lebensräume für viele wild lebende Tiere. Es handelt sich um relativ kleine Flächen, oft in der Nähe von Dörfern, auf denen verschiedene heimische Obstbäume alter Sorten stehen. Diese werden gepflegt durch Rückschnitt, i. d. R von Hand. Es handelt sich um keine industriellen Obstplantagen. Das Ziel ist **kein** optimaler, wirtschaftlicher **ertragreicher** Obstanbau. Man gibt sich zufrieden mit dem, was einem die Natur beschert. Es wird in Streuobstwiesen kein Pflanzenschutz mit Pestiziden betrieben, sondern „biologischer" Pflanzenschutz durch Vögel,

Fledermäuse, Eulen (Steinkauz), Insekten usw. Es soll sich ein biologisches Gleichgewicht einstellen und gefördert werden.

Welcher Baum gilt als Brotbaum des Waldes?
Fichte. Kurze Umtriebszeit: 80–100 Jahre. Bringt nach kurzer Zeit Ertrag: Weihnachtsbäume, Stangenholz, Baum- und Papierholz, Brennholz, Altholz.

Forstwirtschaft heute, Probleme der Zukunft:
Trockenheit, Waldbrände, Sturmschäden, Klimaveränderung (Erwärmung), Krankheiten, Forstschädlinge, Zuwachs vs. Ertrag-Rentabilität, Holzverwertung (Nutz-, Schutz-, Erholungsfunktion)

Landbau

Was benötigt eine Pflanze zum Wachstum?
Licht, Luft, Wasser, Boden und Nährstoffe

Welche Bedeutung hat Licht für das Pflanzenwachstum?
Licht liefert Energie für die Photosynthese, bei der Pflanze wid im Chlorophyll aus Kohlendioxyd und Wasser Stärke produziert.

Woraus besteht Luft und welche Bedeutung hat sie für das Pflanzenwachstum?
78 % Stickstoff, 21 % Sauerstoff, 1 % Edelgase und 0,03 % Kohlendioxyd. Damit dient sie als Quelle für Kohlendioxyd und Stickstoff (Hauptnährelement).

Welche Bodenarten unterscheiden wir?
Sand (grobkörnig), Schluff (mittel), Ton (fein) und Lehm (Mischung)

Welche Eigenschaften charakterisieren einen Sandboden?
Gute Wasserführung, gute Durchlüftung, leicht durchwurzelbar, leicht zu bearbeiten, warmer Boden, geringes Wasserhaltevermögen, geringer Nährstoffgehalt

Welche Bodenart hat genau entgegengesetzte Eigenschaften?
Tonboden

Welcher Boden ist der fruchtbarste?
Lössboden (nach den Eiszeiten entstandene, sehr tiefgründige Lehmböden)

Was verstehen Sie unter Humus und wie entsteht er?
Organische Bestandteile eines Bodens. Sie entstehen, indem Bodenlebewesen (insbesondere Mikroorganismen und Pilze) abgestorbene Lebewesen (Pflanzen und Tiere) zersetzen.

Was verstehen Sie unter dem pH-Wert?
pH-Wert gibt **Säuregehalt** des Bodens an. Die Skala reicht von 0 bis 14.
pH 7: neutral
pH < 7: sauer
pH > 7: basisch (alkalisch)

Wie kann man den pH-Wert eines sauren Bodens anheben?
Mittels Kalkdüngung, Kalk neutralisiert Säuren.

Welche Pflanzennährstoffe kennen Sie?
Hauptnährelemente: Stickstoff, Phosphor, Kalium, Calcium, Magnesium und Schwefel
Spurenelemente: Eisen, Kupfer, Zink, Mangan usw.

Was bedeuten bei Handelsdüngern die Angaben NPK?

N (Stickstoff), P (Phosphor), K (Kalium). Es handelt sich um „Volldünger", z. B. Blaukorn.

Welche Düngerarten kennen Sie?

- **Organische Düngemittel** (aus Biomasse entstanden): Jauche, Stallmist, Gülle, Gründüngung
- **Mineralische Düngemittel**

Was verstehen wir unter Pflanzenschutz und welche Möglichkeiten unterscheiden wir?

Pflanzenschutz ist **Schutz der Pflanzen** vor tierischen Schädlingen, Krankheitserregern (Bakterien, Pilze, Viren), Konkurrenzvegetation und tierischen Schädlingen wie Insekten, Mäusen, aber auch Wild. Wir unterscheiden **mechanischen** (z. B. Wildschutzzaun), **biologischen** (Förderung von Nützlingen: Marienkäfer gegen Blattläuse, Greife gegen Mäuse, Meisen gegen Insekten), **chemischen** (Pestizideinsatz) und **integrierten** Pflanzenschutz (Kombination aller Möglichkeiten mit dem Ziel, den Pestizideinsatz möglichst zu vermeiden).

Welche Pestizide werden unterschieden?

Insektizide, Fungizide (Pilze), Bakterizide, Herbizide (Unkräuter) u. a.

Was wird in der Landwirtschaft angebaut?

- Getreide (Hafer, Weizen, Dinkel, Roggen, Gerste, Mais)
- Hackfrüchte (Kartoffeln, Rüben)
- Hülsenfrüchte (Erbsen, Bohnen)
- Futterpflanzen (Klee, Gras)
- Ölfrüchte (Raps, Senf, Sonnenblumen)
- Sonderkulturen (Gemüse, Wein, Tabak, Hopfen)
- Grünland (Wiese, Weide)
- Zwischenfrüchte (Winterraps, Senf, Ölrettich, Rübsen, Klee)

Wann werden Getreidearten gesät bzw. geerntet?

Sommergetreide (Sommerroggen, Sommergerste, Sommerweizen und Hafer) wird **im Frühjahr gesät**, Wintergetreide (Winterweizen, Winterroggen und Wintergerste) wird **im Herbst gesät. Ernte** erfolgt im **Juli–August.** Mais ist wie Hafer **reines Sommergetreide**, wird jedoch erst im Mai gesät und im Spätherbst geerntet. Mittlerweile gibt es auch Winterhafer. Ebenso spielt Triticale (Kreuzung zwischen Weizen und Roggen) als Sommer- und Wintergetreide eine immer größere Rolle.

Welche Getreideart hat die höchsten, welche die niedrigsten Ansprüche an den Boden?

Hafer ist anspruchsloseste Getreideart, Weizen stellt die höchsten Ansprüche.

Was sind Leguminosen und welche Besonderheit weisen sie auf?

Hülsenfrüchte (Schmetterlingsblütler) wie Bohnen, Erbsen, Wicken, Lupinen, Kleearten usw. **Mithilfe von** an den Wurzeln sitzenden **Knöllchenbakterien können sie Stickstoff aus der Bodenluft direkt aufnehmen** und reichern somit nach dem Absterben bzw. Unterpflügen den Boden mit Stickstoff an (Stickstoffsammler). Auch Ginster und Robinie können dies.

Was verstehen wir unter Zwischenfrüchten und wozu dient Zwischenfruchtanbau?

Zwischenfrüchte **werden zwischen zwei Hauptanbauphasen angebaut**. Sie **dienen dem Erosionsschutz, der Bodenlockerung und der Gründüngung** (nach Unterpflügen im Frühjahr; Humusbildung).

Was verstehen Sie unter Silage?

Konservierung von Futtermitteln durch luftdichten Abschluss in Silos. Es kommt zur Milchsäurevergärung durch Bakterien. Wir unterscheiden z. B. Maissilage, Grassilage, Waldsilage usw.

Was ist Lagerfrucht?

Am Boden liegendes, nicht geerntetes Getreide. Ursachen können sein: Düngung, Sturm, Starkregen usw.

Wildschäden, Wildschadensverhütung

Welche Wildarten können woran ersatzpflichtigen Wildschaden anrichten?

Schalenwild, Fasan und Wildkaninchen an Grundstücken, den mit dem Grundstück fest verbundenen Einrichtungen sowie an getrennten Erzeugnissen des Grundstücks, soweit diese noch nicht eingeerntet sind.

Wo kann Wildschaden entstehen?

- **Im Wald** (Forstschaden)
- **Im Feld** (Schäden an landwirtschaftlichen Nutzflächen)

Wann entfällt die Ersatzpflicht?

Entfällt auf Flächen, **auf denen die Jagd nicht ausgeübt werden darf,** sie entfällt bei Schäden an **nicht ortsüblich geschützten Sonderkulturen** und sie entfällt, **wenn der Geschädigte Abwehrmaßnahmen des Ersatzpflichtigen zunichte gemacht hat.**

Wer muss Wildschäden ersetzen?

Grundsätzlich die Jagdgenossenschaft. Diese wälzt jedoch ihre Verpflichtung über den Pachtvertrag i. d. R. **auf die Pächter ab.**

Wildschaden im Feld: Wie verläuft das Wildschadensersatzverfahren?

- **Meldung** des Schadens beim Bürgermeister innerhalb einer Woche (länderabhängig) nach Kenntnisnahme. Dieser fordert Geschädigten auf, sich mit Ersatzpflichtigen zu einigen.
- **Bei Nichteinigung**: Bürgermeister beraumt **Ortstermin** an. Ziel: gütliche Einigung.
- Bei Einigung erstellt der Bürgermeister **Niederschrift** (vollstreckbarer Titel).
- Bei Nichteinigung beauftragt Bürgermeister einen **Wildschadensschätzer,** der Gutachten erstellt (geht an den Bürgermeister).
- Bürgermeister erstellt aufgrund des Gutachtens **Vorbescheid**, gegen den die Beteiligten innerhalb einer Notfrist von 2 Wochen **Klage** erheben können (ansonsten vollstreckbarer Titel).

Welche Wildschäden treten im Feld auf?

Neben Schäden durch Kaninchen (Hackfrüchte, Wühlschäden) und durch Fasane (Schäden an keimendem Saatgut) ist **Schwarzwild der wichtigste Verursacher** von Feldschäden (Grünlandschäden und Fraßschäden an Getreide). Auch Rot- sowie Damwild können bei der Äsungsaufnahme Wildschäden verursachen. Weiterhin kommt es teils zu Trampelschäden.

Zu welchem Zeitpunkt ist das Getreide besonders gefährdet?

Nach der Saat (insbes. Mais) und **von der Milchreife bis zur endgültigen Reife**

Welche Abwehrmaßnahmen bieten sich bzgl. Schwarzwildschäden an?

Neben **verstärkter Bejagung** an den Schadflächen bietet sich der Flächenschutz an durch **Verstänkern**, Knallapparate und **Zäune** (Elektrozaun oder Drahtgeflecht 1,5 m hoch und gegen Hochheben gesichert). **Mit Genehmigung** ist **auch die Ablenkungsfütterung** zulässig.

Wo und wie werden Ablenkfütterungen für Schwarzwild angelegt?

Abseits der Schadflächen werden im Wald Futtermittel (Mais, Kartoffeln) so ausgebracht, **dass das Schwarzwild lange** mit der Aufnahme **beschäftigt ist** (breitwürfig verstreuen und **in den Boden einarbeiten** oder Rollfässer). **Dürfen nur mit Genehmigung der UJB angelegt werden!**

Wie ist die Bejagung an Ablenkungsfütterungen geregelt?

An Ablenkungsfütterungen verboten

Zu welchen Terminen ist Wildschaden im Wald zu melden?

- Winterschaden: 1.5.
- Sommerschaden: 1.10.

Welche Wildschäden richtet Wild im Wald an?

Verbiss-, Schäl-, Fege- und Schlagschäden

Welche Wildarten verursachen woran Verbissschäden?

Wiederkäuer und Hasenartige, insbesondere **an Terminaltrieben** und Knospen junger Bäume (Jungwuchsstadium)

Welche Folgen haben Verbissschäden?

Zuwachsverluste, Zwieselbildung und insbesondere **Entmischung** der Wälder durch selektiven Verbiss, da Rehwild einige Baumarten, wie z. B. **Eiche, Tanne, Esche, Kirsche u. a. verstärkt verbeißt.**

Kann Wiederkäuerverbiss von Hasen- bzw. Kaninchenverbiss unterschieden werden?

Ja! Bei **Hasen oder Kaninchen** entsteht **glatte Schnittstelle, bei Wiederkäuern** ist Verbissstelle **ausgefranst,** da sie **wegen der fehlenden Oberkieferschneidezähne mehr quetschen als schneiden.**

Was kann man gegen Verbissschäden tun?

Neben **verstärkter Bejagung** helfen **Zäune** und Einzelschutzmaßnahmen wie **Drahthosen, Wuchshüllen, Spritz- und Streichmittel.**

Durch welche Wildarten und auf welche Weise entstehen Schälschäden?

Alle **Wiederkäuer außer Rehwild** können Schälschäden verursachen, **wichtigster Verursacher ist das Rotwild.** Schäden entstehen, indem das Wild die Rinde junger Bäume (Stangenholzalter) **von unten nach oben** abzieht.

Welche beiden Schadbilder werden unterschieden?

Sommerschäle (Baum im Saft) mit langen Rindenstreifen und **Winterschäle** (kleinflächiges Abknabbern)

Welche Folgen haben Schälschäden?

Eindringende **Pilze verursachen Fäulnis** im wertvollsten Teil des Stammes (teilweise Überwallung)

Welche Gegenmaßnahmen sind möglich?

Neben **verstärkter Bejagung** und Flächenschutz (**Zaun**) helfen Einzelschutzmaßnahmen wie **Kunststoffumwicklung, Grüneinband, Trockeneinband, Streich- und Spritzmittel.**

Welche Maßnahmen wirken darüber hinaus speziell bei Nadelhölzern?

Bei Nadelhölzern hilft auch **Anritzen der Rinde mit Rindenhobel oder Rindenkratzer (bewirkt Harzaustritt** und schnellere Verborkung) – mechanisch-biologischer Schälschutz.

Wer verursacht Fegeschäden und warum?

Fegeschäden verursachen **alle männlichen Cerviden, indem sie Geweih** durch Reiben an dünnen Baumstämmchen **vom Bast befreien.** Beim **Rehbock zusätzlich bei Reviermarkierung.**

Welche Folgen hat das Fegen und was kann man dagegen tun?

Fegeschäden führen i. d. R. zum **Absterben des Baumes.** Neben **verstärkter Bejagung** und Flächenschutz (Zaun) helfen Einzelschutzmaßnahmen **(Wuchshüllen, Drahthosen, Fegeschutzspiralen, „Stachelbäume" sowie Streich- und Spritzmittel).**

Was sind Schlagschäden?

Schlagschäden sind Schäden, die der Rothirsch mit dem blank gefegten Geweih an jungen Bäumen verursacht, indem er diese regelrecht zerschlägt

Wildbewirtschaftung

Welches Ziel hat die Hege des Wildes?

Ziel: Erhaltung eines angepassten, artenreichen und gesunden Wildbestandes sowie die Sicherung seiner Lebensgrundlagen (**Biodiversität**). Sie ist so durchzuführen, dass Wildschäden möglichst vermieden werden.

Welche Schalenwildarten dürfen nur aufgrund eines Abschussplans bejagt werden?

Laut BJG alles Schalenwild außer Schwarzwild. In den Ländern gilt überwiegend: Rot-, Dam- und Muffelwild (Gamswild) in „Bewirtschaftungsbezirken“. Für Rehwild ist der Abschussplan teilweise weggefallen und teilweise durch andere Regelungen wie „Abschussvereinbarungen“ o.ä. ersetzt worden. Auch bei Wegfall des Abschussplanes ist die „Streckenliste“ nebst Meldungen nach wie vor erhalten geblieben.

Für welche Wildarten muss der Abschussplan erfüllt werden?

Rot-, Dam- und Muffelwild in Bewirtschaftungsbezirken; sofern vorgesehen, gilt dies auch für weitere Schalenwildarten.

Wie erfolgt die Kontrolle der Erfüllung?

Streckenliste, die fortlaufend zu führen ist für alles Wild. **Vierteljährliche Abschussmeldung** für alles Schalenwild, jeweils bis zum 5. des Folgemonats an die UJB, und jährliche **Streckenmeldung** bis zum 5. April für alles Wild an die UJB .

Auf welchen Grundlagen erfolgt die Abschussplanung?

Grundlagen: Abschussergebnisse der vergangenen Jagdjahre und ggf. waldbauliches Gutachten sowie Wildzählungen

Was sind Vegetationsweiser?

Z. B. Wildschäden, Verjüngungszustand unserer Baumarten, Verbissgutachten

Welche Populationsweiser deuten auf zu hohe Rehwilddichten hin?

Geringe Körpergewichte, hoher Knopfbockanteil, starker Parasitenbefall, viel Fallwild und verendetes Wild (Straßenverkehr)

Wie kommt ein Abschussplan zustande?

In einem Bewirtschaftungsbezirk erstellt die Hegegemeinschaft mit Pächtern und Verpächtern der beteiligten Reviere einen Gesamtabschussplan, der dann über Teilabschusspläne auf die Reviere verteilt wird. UJB (im SL die VJS) bestätigt den Abschussplan oder setzt ihn unter Beteiligung des Jagdbeirats fest.

Welche Besonderheiten gelten für Abschussvereinbarungen?

Es handelt sich um **privatrechtlich** abgeschlossene Vereinbarungen (**BGB-Verträge**). Vorschriften des BGB sind zu beachten. Die Beteiligten, Pächter und Verpächter treffen unter Verwendung der amtlichen Formulare (sofern vorhanden) **Abschussvereinbarungen** bzw. in staatlichen Regiejagden Vereinbarungen über **Abschusszielsetzungen.**

Was verstehen wir unter Wilddichte und Geschlechterverhältnis?

- **Wilddichte: Anzahl von Individuen einer Art je 100 ha** zum 1.4. (Frühjahresbestand), ohne den bereits vorhandenen Zuwachs des laufenden Kalenderjahres
- **Geschlechterverhältnis:** Verhältnis von männlichen zu weiblichen Stücken einer Art (angestrebt meist 1 : 1)

Wann reden wir von einer angepassten Rehwilddichte?

Wenn starke und gesunde Stücke die Regel sind und keine wirtschaftlich untragbaren Wildschäden auftreten (**Naturverjüngung von standortgerechten Baumarten muss ohne aufwendige Schutzmaßnahmen möglich sein).**

Was verstehen wir unter der Intervalljagd?

Wechsel von intensiven Jagdphasen und Ruhephasen. Dadurch wird die Jagd **effektiver und wildgerechter,** weil nach den Ruhephasen das Wild weniger heimlich ist.

Mit welchem Zuwachs muss bei Rotwild gerechnet werden?

70 bis 90 % der am 1. April vorhandenen Alttiere

Welche Wilddichte gilt beim Schwarzwild als tragbar?

0,5 bis 2,5 Stück je 100 ha (abhängig vom Feld- und Waldanteil)

Mit welchem Zuwachs ist beim Schwarzwild zu rechnen?

Je nach Mast und Witterung und geografischer Lage ca. **300 bis 500 %** – bezogen auf den Gesamtbestand.

Welche Altersstufen und Abschussprozente gelten für Schwarzwild?

- Jugendklasse: alle Stücke bis 24 Monate (Frischlinge und Überläufer): **mind. 75 %**
- Altersklasse: alle Stücke über 24 Monate: **höchstens 25 %**

Nennen Sie die wichtigsten Bejagungsgrundsätze für Schwarzwild.

- Frischlinge so bejagen, als wolle man Wildart „ausrotten" (aber: tierschutz- bzw. waidgerecht jagen)
- Stets das schwächste Stück in der Rotte erlegen
- Gezielter Bachenabschuss im Herbst, Winter unter Schonung der Leitbache und aller säugenden Bachen
- Schonung einzeln ziehender Stücke in den Frühjahrsmonaten
- Zur Hauptfrischzeit und in schadensträchtigen Zeiten Jagdruhe im Wald

Welcher Grundsatz gilt für die generelle Bejagung von Schalenwild?

An erster Stelle steht die „Hege mit der Büchse". Es muss eine ausreichende Zahl an Schalenwild erlegt werden. Aber nicht „Zahl vor Wahl", sondern immer „Zahl mit Wahl". Wenn nicht genügend Wild entnommen wird, wird die Äsungsquote für das einzelne Stück geringer. Stücke beginnen zu kümmern. Der forstliche Wildschaden steigt. Bei ausgeglichenem Wildbestand gilt: Abschuss entspricht zahlenmäßig dem Zuwachs.

Wildhege/Fütterung

Welches Ziel verfolgt die Hege?

Hege: Erhaltung eines artenreichen, angepassten und gesunden Wildbestandes sowie die Sicherung der Lebensgrundlagen des Wildes – unter Vermeidung von Wildschäden.
Es muss in der Praxis bei der Zielsetzung der Hegemaßnahmen unterschieden werden, ob es sich um ein reines Waldrevier, ein reines Feldrevier oder um ein gemischtes Revier handelt. Ferner muss stets beachtet werden, welchen Wildarten ich tatsächlich helfen will, muss und darf!

Welches sind die wichtigsten Lebensgrundlagen des Wildes?

Äsung und Deckung

Welche Möglichkeiten bieten sich zur Verbesserung des Äsungsangebotes an?

Im Wald sind i. d. R. nur **Dauergrünäsungsflächen** erlaubt.
Im Feld: die Anlage von **Wildäckern, Wildweiden und Verbissgehölzen.**

Wie groß sollte ein Wildacker im Feld sein und was kann angebaut werden?

Viele kleine sind besser als ein großer. Richtgröße: **0,1 bis 0,2** ha. Angebaut werden können grundsätzlich **alle Pflanzen, die auch der Landwirt anbaut** – alle Getreidearten, Leguminosen (Kleearten, Ackerbohnen, Futtererbsen), Hackfrüchte (Kartoffeln und Rüben) sowie Ölfrüchte (Sonnenblumen, Senf, Raps). **Zusätzlich** zählen zu den typischen Wildackerpflanzen noch Kohlarten **(westfälischer Furchenkohl, Blattstammkohl und Markstammkohl), Topinambur und Kräutermischungen (Kamille, Spitzwegerich, Kümmel, wilde Möhre, Löwenzahn) und Getreidearten wie Dinkel, Buchweizen und Waldstaudenroggen.**

Welche Pflanzen sind besonders für die Winteräsung wichtig?

Wintergetreide, alle Kohlarten, Winterraps und Topinambur

Warum stellt Topinambur eine ideale Wildackerpflanze dar?

Weil sie einerseits **mehrjährig** ist andererseits **im Sommer Blattäsung und Deckung** bietet und im **Winter Knollenäsung** (für Rehwild müssen Knollen ausgegraben werden).

Wie sollte ein Wildacker idealerweise angelegt werden?

Ideal ist **Pyramidenform** mit hochwachsenden Pflanzen in der Mitte (Mais, Sonnenblumen) nach außen anschließend Pflanzen mittlerer Höhe (Hafer, Buchweizen u. Ä.) und außen z. B. Klee-Kräutermischungen.

Worin besteht der Unterschied zwischen Wiese und Weide?

Wiese dient zur Heugewinnung, Weide als Weidefläche für Tiere. Es besteht auch ein Unterschied in der Zusammensetzung des Saatgutes, also unterschiedliche Gras-, Klee- und Kräutermischungen.

Was sind Wildweiden bzw. Verbissgehölze?

Wildweiden werden insbesondere in Rotwildgebieten (Waldgebieten) angelegt **(Äsungsverbesserung)**. Angebaut werden Mischungen aus **Kleearten, Gräsern und Wildkräutern. Verbissgehölze** dienen vornehmlich dem Angebot faserreicher Äsung in der ausgeräumten Feldflur zur Vermeidung von Verbissschäden im Wald. Die einfachste Form der Anlage ist das **Stecken von Weiden.** Aber auch das Anpflanzen von anderen Weichlaubgehölzen wie Aspen, Holunder, Vogelbeeren bietet sich an. Verbissgehölze müssen **regelmäßig auf den Stock gesetzt** werden, damit in Äserhöhe ausreichend Knospenäsung zur Verfügung steht.

Welche Maßnahmen bieten sich zur Verbesserung des Deckungsangebots an?

Remisen (Feldholzinseln – kompakte Form) besser noch **Hecken** (mehr Randlinien, da schmal und lang). Auch: **Benjeshecke**

Was sollte in einer Remise bzw. Hecke angepflanzt werden?

Grundsätzlich **alle Baum- und Straucharten.** Besonders geeignet sind **masttragende Baumarten** (Eiche, Kastanie, Haselnuss, Wildobst u. a.) und **beerentragende Sträucher** (Vogelbeere, Schwarzdorn, Weißdorn, Holunder, Wildrose, Brombeere, Himbeere u. a.). Ideal ist ein **pyramidenförmiger Aufbau** mit Kernzone (Bäume), **Mantelzone** (größere Sträucher) und **Saum- oder Randzone** (niedrige Sträucher).

Wie müssen Hecken und Remisen gepflegt werden?

Hecken und Remisen müssen **regelmäßig auf den Stock gesetzt** werden (abschnittsweise und außerhalb der Vegetationszeit).

Welche grundsätzliche Aussage macht das LJG zum Thema Fütterung und warum?

Nach dem LJG ist die **Schalenwildfütterung meist grundsätzlich verboten,** damit es nicht zu einer Domestizierung kommt und die natürliche Selektion (Winterverluste) noch zum Tragen kommt.

Gibt es Ausnahmen vom Schalenwildfütterungsverbot?

Ja, in **Notzeiten kann** das Füttern von Schalenwild **durch die UJB** auf Antrag **erlaubt** oder sogar angeordnet **werden.** In diesem Falle ist jedoch das **Erlegen von Schalenwild im Umkreis von 200 m (300 m) verboten.** Weiterhin können **Schwarzwild-Ablenkfütterungen von der UJB erlaubt werden.** An diesen ist das **Erlegen von Schwarzwild verboten.**

Was ist eine Kirrung?
(siehe Tabelle S. 166)

Anlocken von Schwarzwild durch geringe Futtergaben, mit dem Ziel, das Wild an der Kirrung (Futterstelle) zu erlegen. In einigen Bundesländern auch für Rehwild erlaubt.

Vorschriften für Schwarzwildkirrung:
(siehe Tabelle S. 166)

- ganzjährig
- nur im Wald oder waldähnlichen Strukturen
- nur mit geringen Mengen (2 kg) an heimischem Getreide (auch Mais) und heimische „Früchte“ in unveränderter Form, wie z. B. Eicheln, Bucheckern oder Äpfel
- bis 150 ha max. 2, je angefangene 150 ha 1 zusätzliche Kirrstelle
- Aufnahme durch anderes Schalenwild muss ausgeschlossen werden

Vorschriften für Rehwildkirrung:

- mit geringen Mengen Trester aus heimischen Früchten, z. B. Apfeltrester
- max. 2 Liter
- bis 100 ha max. 2, je angefangene 100 ha 1 zusätzliche Kirrstelle

Welche Futterarten (Futtermittel) unterscheiden wir? Nennen Sie Beispiele.

- **Raufutter:** Heu und Prossholz (abgeschnittene Zweige von Weide, Pappel und Obstbäumen)
- **Kraftfutter:** Getreidearten, Mast (Eicheln, Bucheckern, Kastanien)
- **Saftfutter**: Silagen, Rüben, Kartoffeln

In welchem Verhältnis sollten diese Futterarten für Wiederkäuer ausgebracht werden – sofern überhaupt erlaubt?

Grundsätzlich kann **soviel Raufutter** ausgebracht werden, **wie aufgenommen wird** (Rehwild nimmt Heu jedoch i. d. R. nicht an). **Kraftfutter zu Saftfutter** sollte **im Verhältnis 1 : 4** angeboten werden.

Was wissen Sie über die Fütterung von anderen Wildarten?

Nicht zum Schalenwild gehörende Wildarten dürfen in Notzeiten ohne Erlaubnis der Behörde gefüttert werden. Für **Fasane** z. B. legt man eine **Schütte** an (allseits **offenes Pultdach** ca. 3 x 4 m), die mit Getreide, Eicheln, Rosinen, Hudermaterial und Steinchen (Magensteine-Muskelmagen) beschickt wird. Für **Rebhühner** wählt man eine **offene Schüttung** mit Getreide, Sonnenblumen, Hirse u. Ä., wobei zu beachten ist, dass in der Nähe **keine Ansitzmöglichkeiten für Greife** vorhanden sind.
Entenfütterung erfolgt in der Nähe von Gewässern oder sogar auf Gewässern mit Futtertischen oder Futterflößen, mit Hühnermischfutter oder Großmarktabfällen (heimisches Gemüse, Salat usw.).
Achtung: In einigen Ländern ist das Füttern am, in oder in der Nähe von Gewässern verboten. Wenn Enten gefüttert werden, muss beachtet werden, dass dadurch oft auch Ratten angezogen werden. Deshalb sollten dann auch Rattenfutterkisten ausgebracht werden.

Sind Salzlecken erlaubt und welche Form ist sinnvoll?

Salzlecken mit reinem Natriumchlorid sind fast in allen Bundesländern zulässig. **Ideal ist die Stangensulze,** da Stocksulzen oft durch Marder und Fuchs verunreinigt werden.

Kapitel 5

Waffenkunde

Gliederung:

1. Kalte Waffen
2. Schusswaffen
3. Kurzwaffen
4. Munition
5. Ballistik
6. Optik
7. Waffen- und Munitionserwerb für Jäger
8. Kennzeichnung von Waffen

Kalte Waffen

Welche kalten Waffen kennt der Jäger?

- **Saufeder** (mit Eschenholzschaft und Parierstange zur Begrenzung der Eindringtiefe)
- **Saufänger**
- **Hirschfänger** (mit Parierstange zur Vermeidung von Verletzungen)
- **Waidblatt** (auch Standhauer genannt)
- **Jagdnicker** (mit feststehender Klinge)
- **Waidbesteck** (Kombination aus Waidblatt und Jagdnicker)
- **Jagdtaschenmesser** (mit feststellbarer Klinge)

Wozu werden kalte Waffen verwendet?

- **Saufeder:** Abfangen von Schwarzwild (früher), heute: meist Dekoration
- **Hirschfänger:** Abfangen von starkem Schalenwild durch den Kälberfang (Stich von vorn durch die Halsgrube ins Herz) oder durch den Blattfang (Stich von der Seite/Blatt ins Herz)
- **Saufänger**
- **Waidblatt:** Abfangen wie mit dem Hirschfänger. Früher wurde das Waidblatt auch Standhauer genannt, weil man es wie ein Beil zum Freihauen eines Schützenstandes einsetzen kann.
- **Jagdnicker:** Aufbrechen, Aus-der-Decke-Schlagen und Zerwirken von Schalenwild; früher auch zum Abnicken von Rehwild (Durchtrennen des Rückenmarks zwischen Atlas (erster Halswirbel) und Hinterhauptbein)
- **Jagdtaschenmesser:** Versorgen (evtl. auch Aus-der-Decke-Schlagen und Zerwirken) von jeglichem Wild

Welche Einrichtung sollte ein Jagdtaschenmesser aufweisen?

Es muss (UVV) eine **feststellbare Klinge** besitzen, um Verletzungen beim Arbeiten zu vermeiden. Günstig wären noch zusätzlich eine **Aufbrechklinge** mit stumpfer Spitze, um beim Aufschärfen der Bauchdecke eine Verletzung des Pansens zu verhindern, sowie eine Säge für das Öffnen des Schlosses.

Schusswaffen

Was sind Schusswaffen?

Schusswaffen sind Gegenstände, die zum Angriff, oder zur Verteidigung, zur Signalgebung, **zur Jagd**, zur Distanzinjektion, zur Markierung, zum **Sport oder zum Spiel bestimmt sind, bei denen Geschosse durch einen Lauf getrieben werden.**

Was sind Feuerwaffen?

Feuerwaffen sind Schusswaffen, bei denen für das Antreiben der Geschosse heiße Gase verwendet werden.

Was verstehen wir unter automatischen Schusswaffen?

Das sind Schusswaffen, die nach Abgabe eines Schusses selbsttätig erneut schussbereit werden, und bei denen aus demselben Lauf durch einmalige Betätigung des Abzugs mehrere Schüsse (Vollautomaten) abgegeben werden können oder jeweils nur ein Schuss (Halbautomaten) abgegeben werden kann.

Wozu zählen Luftgewehre und Armbrüste?

Luftgewehre sind Schusswaffen, aber keine Feuerwaffen. Eine **Armbrust** ist **weder** Schusswaffe **noch** Feuerwaffe, zählt jedoch zu den Gegenständen, die **den Schusswaffen gleichgestellt** sind.

Was sind Kurz- bzw. Langwaffen?

- Langwaffe: **Lauf und Verschluss** in geschlossener Stellung > **30** cm und kürzeste bestimmungsgemäß verwendbare **Gesamtlänge > 60 cm.**
- Kurzwaffe: alle anderen Schusswaffen

Welche Gegenstände werden waffenrechtlich den Schusswaffen gleichgestellt?

Die **wesentlichen Teile** einer Schusswaffe, **Schalldämpfer** und tragbare Geräte zum Abschießen von Munition sowie **Armbrüste**

Welche Teile zählen zu den wesentlichen Teilen einer Schusswaffe?

Lauf, Verschluss (inkl. Verschlusshülse, Verschlusskopf) sowie eventuell das Patronenlager (nur soweit nicht bereits Bestandteil des Laufs, wie z. B. die Trommel bei Revolvern) und bei **Kurzwaffen zusätzlich das Griffstück**

Wann geht die Schusswaffen-Eigenschaft verloren?

Wenn nach besonderen Vorschriften mit allgemeingebräuchlichen Werkzeugen die Schussfähigkeit der Waffe oder der wesentlichen Teile nicht wiederhergestellt werden kann **(alle wesentlichen Teile müssen entsprechend verändert werden).**

Wie werden Langwaffen nach Anordnung der Läufe unterschieden?

Bei „**Querwaffen**" liegen die **Läufe nebeneinander** und bei **Bockwaffen** liegen die **Läufe übereinander** (aufgebockt).
Demnach ergeben sich folgende Laufkombinationen (keine vollständige Aufzählung):

Flinten (glatte Läufe):
- **einläufige Flinte:** mit einem Schrotlauf (als Kipplaufwaffe, Repetierer oder Automat)
- **Doppelflinte oder Querflinte:** zwei Schrotläufe nebeneinanderliegend (stets Kipplaufwaffe)
- **Bockdoppelflinte:** zwei Schrotläufe übereinanderliegend (stets Kipplaufwaffe)

Büchsen (gezogene Läufe):
- **einläufige Büchse:** mit einem Büchsenlauf (als Kipplaufwaffe, Repetierer, Automat oder Blockbüchse)
- **Doppelbüchse:** zwei Büchsenläufe nebeneinanderliegend (stets Kipplaufwaffe)
- **Bockbüchse (Bockdoppelbüchse):** zwei Büchsenläufe übereinanderliegend (stets Kipplaufwaffe)
- **Bergstutzen:** zwei Büchsenläufe in unterschiedlichen Kalibern aufgebockt (stets Kipplaufwaffe); nicht mit Stutzen verwechseln!
- **Kugeldrilling:** drei Büchsenläufe (stets Kipplaufwaffe)

Kombinierte Waffen: (glatte und gezogene Läufe):
- **Büchsflinte:** Büchsenlauf und Schrotlauf nebeneinanderliegend
- **Bockbüchsflinte:** Büchsenlauf und Schrotlauf übereinanderliegend
- **Normaldrilling:** oben zwei Schrotläufe nebeneinander und unten ein Büchsenlauf

- **Schienendrilling:** zwei Schrotläufe nebeneinanderliegend, darüber in der Laufschiene ein kleinkalibriger Büchsenlauf (auch Waldläufer genannt)
- **Doppelbüchsdrilling:** oben zwei Büchsenläufe nebeneinanderliegend und unten ein Schrotlauf
- **Bockdrilling:** oben ein Schrotlauf und unten ein Büchsenlauf sowie seitlich ein kleinkalibriger Büchsenlauf
- **Vierling:** zwei Schrotläufe und zwei Büchsenläufe (verschiedene Anordnungen möglich)

Welche Büchsen unterscheiden wir nach der Ladeweise?

- **Einzellader:** Kipplaufbüchsen, Büchsen mit starrem Lauf (Heerenbüchse)
- **Repetierbüchsen:** mit Zylinderverschluss; Magazinkapazität maximal 10 Schuss erlaubt für den jagdlichen Bereich ohne Sondererlaubnis;
- **Vorderschaftrepetierer** (Pumpgun), **Unterhebelrepetierer**
- **Selbstladebüchsen:** Rückstoß- oder Gasdrucklader

Aus welchen Teilen besteht eine Repetierbüchse?

Aus den nach dem Waffengesetz wesentlichen Teilen (Lauf mit Patronenlager, Verschluss); daneben waffentechnisch aus dem Schaft, der Abzugseinrichtung, der Sicherung, der Visierung und evtl. dem Magazin

Sind Selbstladewaffen bei der Jagd erlaubt?

Ja, allerdings darf die Feuerkraft der Waffe bei maximal 3 Schüssen liegen. Erlaubt ist: 3 Schuss im Magazin, Patronenlager leer oder 2 Schuss im Magazin und eine Patrone im Patronenlager. Die Magazinkapazität ist ohne Sondererlaubnis auf 10 Schuss begrenzt.

Wie viele Patronen dürfen bei der Jagdausübung in eine Repetierbüchse geladen werden?

Eine gesetzliche Beschränkung gibt es hier nicht. Daher können so viele Patronen geladen werden, wie das Magazin fasst, jedoch maximal 10 Schuss.

Was ist ein Waldläufer?

Ein Drilling, bei dem der Büchsenlauf (meist 5,6 x 35R) in die Laufschiene integriert ist. Er wird daher auch **Schienendrilling** genannt.

Worin besteht der Unterschied zwischen einem Stutzen und einem Bergstutzen?

Stutzen sind **Langwaffen,** die **bis zur Mündung geschäftet** sind (meist Repetierer mit verkürztem Lauf). Der **Bergstutzen** ist eine Büchse mit **zwei aufgebockten Büchsenläufen in unterschiedlichen Kalibern.**

Welcher Verschluss ist beim Drilling üblich?

Der **Greener-Verschluss** mit doppelter Laufhakenverriegelung.

Was versteht man unter einem Sicherheitsdrilling?

Ein **Drilling mit separater Kugelspannung,** wobei der Spannschieber auf dem Kolbenhals liegt. Diese Drillinge können geladen mit entspanntem Kugelschloss geführt werden. Die Sicherung wirkt nur auf die beim Abkippen selbstspannenden Schrotschlosse.

Was ist ein Einstecklauf und wo wird ein Einstecklauf beim Drilling üblicherweise eingebaut?

Ein meist kleinkalibriger Büchsenlauf zum Einbau in einen Schrotlauf. Beim Drilling wird der **Einstecklauf** üblicherweise in den **rechten Schrotlauf** eingebaut, **um den Stecher nutzen zu können.** Typisch sind Einsteckläufe in Schonzeitkalibern (.22 WM, .22 Hornet) und in rehwildtauglichen Kalibern (.222 Rem., 5,6 x 50R Magnum, 5,6 x 52R). Es gibt aber auch großkalibrige Einsteckläufe (selten).

Was sind Wechselläufe und deren Vorteile?

Bezeichnung für ein **Laufpaar, das neben einem anderen Laufpaar in ein- und dasselbe Gewehr passt.** Der Jäger kann somit unter Verwendung seines gewohnten Schaftes, Sicherung und Abzugs **seine Waffe vielseitiger verwenden**, indem er z. B. eine Bockbüchsflinte mittels eines zweiten Laufbündels zu einer Bockdoppelflinte umwandelt. Somit könnte eine Bockdoppelflinte am vorderen Abzug über einen Rückstecher verfügen.

Welche Aufgabe hat der Verschluss bei einer Schusswaffe?

Er soll die Waffe verschließen, indem er z. B. Lauf und Basküle miteinander verbindet.

Welche Verschlüsse sind bei Repetierern üblich?

Kammer- oder Zylinderverschluss (bei modernen Waffen z. B. Radialbundverschluss und andere)

Aus welchen Teilen besteht der Verschluss bei der Repetierbüchse Mauser M 98?

- Kammer oder **Zylinder** (Schlosshülse) als Trägerelement für alle weiteren Teile
- **Kammerstängel** (Griff an der Kammer)
- **Verriegelungswarzen** (2 vorne, 1 hinten vor dem Kammerstängel)
- **Schlösschen** mit eingesetzter **Flügelsicherung**
- **Patronenauszieher** mit **Auszieherkralle**
- **Schlagbolzen** mit **Schlagbolzenfeder** und hinten aufgesetzter **Schlagbolzenmutter** (Bajonettverschluss)
- **Hülsenkopf und -brücke**

Welcher Verschluss ist bei Selbstladebüchsen und Selbstladeflinten üblich?

Der Masseverschluss, gebaut als Rückstoß- oder Gasdrucklader

Welche Verschlüsse sind bei Kipplaufwaffen üblich?

- **Greener**-Verschluss
- **Kersten**-Verschluss (= Doppelgreener-V., Straßburger-V.)
- **Purdey**-Verschluss
- **Flanken**verschluss
- **Keil**verschluss (nur Laufhaken)

Der Greener-, Kersten- und Purdey-Verschluss werden in der Regel mit einer doppelten Laufhakenverriegelung kombiniert.

Beschreiben Sie den Greener-Verschluss.

2 Läufe nebeneinanderliegend, zwischen den Läufen eine Laufschienenverlängerung mit Bohrung zur Aufnahme des Greener-Riegels. **Eine Aussparung in der Basküle** ist auch bei geschlossener Waffe sichtbar (häufig z. B. bei Doppelbüchsen, Büchsflinten, Drillingen).

Beschreiben Sie den Kersten-Verschluss.

Nur 1 Lauf oder 2 Läufe übereinanderliegend; neben dem oberen Lauf rechts und links eine Laufverlängerung, mit je einer Bohrung zur Aufnahme des Kersten-Riegels; **2 Aussparungen in der Basküle**, auch bei geschlossener Waffe sichtbar

Beschreiben Sie den Purdey-Verschluss.

Zwei Läufe nebeneinanderliegend; zwischen den Läufen liegt die Purdey-Nase, über welche sich ein Verschlussriegel legt. Eine Aussparung in der Basküle ist bei geschlossener Waffe nicht sichtbar. Die Hauptverriegelung erfolgt über die Laufhaken.

Wozu dient das Schloss einer Schusswaffe?

Es dient dazu, den **Schuss auszulösen.**

Aus welchen Teilen besteht das Schloss einer Kipplaufwaffe?

- Abzug mit Abzugsblatt
- Abzugsstange
- Schlagfeder
- Schlagbolzen
- Schlagstück

Welche Schlosse (Systeme) sind bei Kipplaufwaffen üblich?

- **Blitzschloss:** Schlossteile auf dem Abzugsblech montiert
- **Kastenschloss nach Anson & Deeley:** Schlossteile in der Basküle fest eingebaut
- **Seitenschloss:** Schlossteile auf herausnehmbaren Seitenplatten montiert

Welche Sicherungen sind bei Langwaffen möglich?

Kipplaufwaffen:
- Abzugssicherung
- Stangensicherung
- Schlagstücksicherung

Repetierer:
- Abzugssicherung
- Schlagbolzensicherung

Welche ist bei einer Kipplaufwaffe die beste der 3 üblichen Sicherungen?

Schlagstücksicherung, da sie dem Schlagbolzen am nächsten liegt und z. B. bei starker Erschütterung oder einem Bruch der Abzugsstange immer noch wirksam ist.

Worauf wirkt die Flügelsicherung beim Repetierer Mauser M 98?

Auf die **Schlagbolzenmutter,** also **indirekt auf den Schlagbolzen;** sie ist somit sehr sicher.

Welche Abzugssysteme sind bei Jagdwaffen üblich?

- **Druckpunktabzüge:** Zur Schussauslösung muss beim Durchziehen des Abzugs erst ein **Vorzugsweg** und dann der Abzugswiderstand überwunden werden. Der Abzug steht also nicht trocken (bei Jagdwaffen weniger gebräuchlich).
- **Trocken stehende Abzüge:** Zur Schussauslösung muss **kein Vorzugsweg,** sondern nur der Abzugswiderstand überwunden werden. Der Abzug steht **trocken.**
  Bei Flinten (Flintenabzug): Widerstand vorn ca. 20 N, hinten ca. 23 N)
  Bei Büchsen (Feinabzug) Widerstand ca. 6–12 N
- **Stecherabzüge:** Der Stecher ist eine Konstruktion, mit deren Hilfe **der Abzugswiderstand unmittelbar vor der Schussabgabe erheblich reduziert werden kann.** Bei Jagdwaffen werden der **Deutsche Stecher (Doppelzüngelstecher)** und der **Französische Stecher (Rückstecher)** verwendet. Abzugswiderstand bei eingestochener Waffe: 2–3 N

Erklären Sie den Unterschied zwischen dem Deutschen Stecher und dem Französischen Stecher.

Deutscher Stecher: 2 Züngel (Doppelzüngelstecher); vorn = Abzug zur Schussauslösung, hinten = Stecher; Stecherschraube (zur Einstellung des Abzugswiderstandes) sitzt zwischen den Züngeln. Uneingestochen ist der Abzug ein Druckpunktabzug.

Französischer Stecher: 1 Abzug; Abzug und Stecher sind eine Einheit; zum Einstechen wird der Abzug nach vorn gedrückt (Rückstecher). Stecherschraube (zur Einstellung des Abzugswiderstandes) sitzt am Abzugsblatt.

Wie wird ein Repetierer mit Deutschem Stecher entstochen?

Waffe sichern! (wenn sichern nicht möglich, Waffe öffnen – z. B. Mauser M 98 in entspanntem Zustand); mit Mittelfinger den Stecher festhalten, mit Zeigefinger den Abzug durchziehen, Stecher loslassen, Abzug loslassen

Wie wird ein Drilling mit Französischem Stecher entstochen?

Waffe sichern! Drilling **auf Schrot stellen;** Waffe **brechen, entstechen** (Abzug zwischen Daumen und Zeigefinger nehmen und gefühlvoll nach hinten ziehen)

Welche Schaftformen sind bei Gewehren üblich?

- **Deutscher Jagdschaft (Normalschaft):** immer mit Pistolengriff; gerade oder mit Schweinsrücken; keine Backe, deutsche Backe oder bayrische Backe
- **Englischer Schaft:** kein Pistolengriff; keine Backe
- **Monte-Carlo-Schaft:** immer mit Pistolengriff; immer mit Monte-Carlo-Effekt; keine Backe, Monte-Carlo-Backe oder bayrische Backe

Wie kann die Schrotgarbe (Breitenstreuung) einer Flinte waffenseitig beeinflusst werden?

Mittels einer **Choke-Bohrung** (Verengung des Laufs im Bereich der Mündung). Üblich sind bei der Jagd:

- Vollchoke (1/1), Dreiviertelchoke (3/4), Halbchoke (1/2), Viertelchoke (1/4)
- Heute sind bei Bockflinten Wechselchokes üblich.

Welcher Flintenlauf ist bei einer Doppelflinte enger gechoked?

Linker Schrotlauf (hinterer Abzug bei Doppelabzug)

Welcher Flintenlauf ist bei einer Bockdoppelflinte in der Regel enger gechoked?

Oberer Schrotlauf (hinterer Abzug bei Doppelabzug)

Wie sind Flintenläufe innen beschaffen?

In der Regel handelt es sich um glatte Läufe ohne Felder und Züge (es gibt selten aber auch gezogene Flintenläufe).

Wann werden bei einer Kipplaufwaffe die Schlosse in der Regel gespannt?

Bei einer **Hahnflinte** nach dem Spannen der außen liegenden Hähne (Hahnspanner) oder bei Handspannern bei Betätigung des Spannschiebers von Hand. Ansonsten als Selbstspanner beim Abkippen der Läufe.

Kann man bei einer Doppelflinte erkennen, ob die Schlosse gespannt sind?

Manche Doppelflinten besitzen **Signalstifte**, die den Spannzustand der Schlosse anzeigen.

Was bedeutet im Zusammenhang mit Flinte „der Lauf schießt und der Schaft trifft"?

Der Schaft muss den **Körpermaßen** des Schützen angepasst sein, damit bewegliche Ziele ohne Körperkorrektur mit der Visiereinrichtung sofort erfasst werden können.

Welche Maße sollte man beim Kauf einer Flinte als Schütze berücksichtigen?

- **Schaftlänge:** Sie wird gemessen von der Schaftkappe bis zum vorderen Abzug (Standard: ca. 36 bis 37 cm).
- **Senkung:** Abstand von der gedachten Laufschienenverlängerung zur Kolbennase bzw. zum Schaftende
- **Schränkung:** Sie ist die **seitliche Abweichung** des Schaftes **von einer gedachten Geraden, die die Laufschiene nach hinten verlängert.** Der Schaft muss stets aus dem Gesicht herausgeschränkt sein, bei Rechtsschützen also nach rechts.
- **Pitch:** Winkel zwischen Schaftende und Laufschiene (Abweichung vom rechten Winkel)

Welche Abzüge sind bei Flinten üblich?

- **Doppelabzug** (für jedes Schloss einen Abzug)
- **Einabzug** (ein Abzug für mehrere Schlosse, wobei die Reihenfolge wählbar sein sollte)

Welcher Abzug wirkt bei einer Flinte mit Doppelabzug auf welchen Lauf?

- Bei einer **Doppelflinte** wirkt der vordere Abzug auf den rechten und der hintere Abzug auf den linken Lauf.
- Bei einer **Bockflinte** wirkt der vordere Abzug auf den unteren und der hintere Abzug auf den oberen Lauf.

Kurzwaffen

Was sind Kurzwaffen?

Schusswaffen, deren bestimmungsgemäß kürzeste verwendbare **Gesamtlänge unter 60 cm** liegt oder deren **Lauf und Verschluss** in geschlossener Stellung kürzer als **30 cm** sind. Achtung: Der Gesetzgeber hat im Gesetzestext nur Langwaffen definiert. Im Umkehrschluss ergibt sich die Definition von Kurzwaffen.

Welche Kurzwaffen werden unterschieden? Nennen Sie deren wesentliche Teile nach dem Waffengesetz.

Pistolen: Lauf mit Patronenlager, Verschluss, Griffstück, oft ein Magazin (Magazinladekapazität ohne Sondererlaubnis, maximal 20 Schuss), auch Einzellader möglich
Revolver: Lauf, Trommel (= Patronenlager), Rahmen

Wo ist im Jagdbetrieb der Einsatz von Kurzwaffen erlaubt?

Bau- und Fallenjagd, Fangschussabgabe, Selbstschutz

Gibt es gesetzliche Bestimmungen für den Kurzwaffeneinsatz bei der Jagd?

Für den **Fangschuss auf Schalenwild** muss die **Mündungsenergie Eo** (gemessen an der Laufmündung) mindestens **200 Joule** betragen. Für die anderen Verwendungszwecke gibt es keine gesetzlichen Vorschriften (Tierschutz beachten).

Nennen Sie die Vorteile und die Nachteile einer Pistole.

Vorteile:
- hohe Feuerkraft
- Magazin (meist)
- klein und handlich
- technisch heute dem Revolver überlegen

Nachteil:
- komplex in der Bedienung

Wie unterscheiden sich „Single-Action-“ und „Double-Action-Abzüge“?

Single Action: Abzug nur für **eine Funktion (Schussabgabe)** zu verwenden. Bei Single-Action-Abzügen muss vor der ersten Schussabgabe der Hahn von Hand vorgespannt werden.

Double Action (Spannabzug): Durch **Betätigen des Abzugs wird sowohl gespannt als auch der Schuss ausgelöst** (Vorspannen ist nicht nötig). Bei vorgespannter Waffe ist jedoch der Abzugswiderstand geringer.

Woran kann man an einer Kurzwaffe äußerlich erkennen, ob es sich um einen Single-Action- oder um einen Double-Action-Abzug handelt?

Bei Double-Action-Abzügen benötigt man einen relativ langen Abzugsweg zum Spannen des Hahns. Daher sind Abzüge, die **im entspannten Zustand** sehr weit hinten stehen, also nur wenige mm Abzugsweg aufweisen, ein untrügliches Kennzeichen für Single-Action-Abzüge.

Wann empfiehlt es sich, bei Kurzwaffen vor Schussabgabe den Hahn vorzuspannen?

Immer wenn genügend Zeit vorhanden ist. **Durch das Vorspannen des Hahns kann der Schuss dann mit weniger Kraftaufwand (Abzugswiderstand) abgegeben werden.** Die Gefahr des Verreißens wird vermindert.

Welche Verschlüsse kennen wir bei Selbstladepistolen?

- Bei Selbstladepistolen mit relativ geringem Gasdruck sind Feder-**Masseverschlüsse** üblich (z. B. PP/PPK).
- Bei Selbstladepistolen mit relativ hohem Gasdruck finden wir **verriegelte Verschlüsse** (Colt/SIG).

Munition

Welche Munitionsarten werden unterschieden und woraus bestehen diese?

- **Patronenmunition: Hülse, Ladung und Geschoss**
- **Kartuschenmunition: Hülse und Ladung** (ohne Geschoss)
- **Pyrotechnische Munition:** Patronenmunition, **bei der das Geschoss** einen pyrotechnischen Satz enthält
- Hülsenlose Munition

Wie ist eine Büchsenpatrone aufgebaut?

Eine Büchsenpatrone besteht aus mindestens 3 Komponenten:
- Hülse
- Pulverladung
- Geschoss (meist ist auch noch ein Zündhütchen vorhanden)

Was versteht man unter der Laborierung einer Patrone?

Die veränderbaren Komponenten einer Patrone innerhalb eines bestimmten Kalibers:

- Pulverart, Pulvermenge
- Zündsatz
- Geschossform
- Geschossaufbau
- Geschossgewicht

Was versteht man unter offensivem und progressivem Pulver?

- Offensive Pulver haben eine schnelle Abbrandgeschwindigkeit und entwickeln daher sehr schnell einen hohen Gasdruck.
- Bei progressiven Pulvern ist die Abbrandgeschwindigkeit langsamer und folglich wird auch der Höchstgasdruck langsamer aufgebaut als bei offensiven Pulvern.

Bei welchen Patronen werden offensive Pulver verwendet?

Bei Schrotpatronen und Patronen für Kurzwaffen

In welchen Patronen nutzt man progressives Pulver?

Bei Büchsenpatronen

Welche Zündungsarten unterscheiden wir?

Zentralfeuerzündung (Boxerzündung, Berdanzündung) und **Randfeuerzündung**

Worin liegt der Unterschied zwischen einer Randfeuerpatrone und einer Zentralfeuerpatrone?

Randfeuerpatronen: Zündsatz im Rand der Hülse fixiert, der Schlagbolzen schlägt auf den Patronenrand. (Kaliber: .22 kurz, .22 lfB, .22 Winchester Magnum, neuerdings auch Kaliber .17)

Zentralfeuerpatronen: Zündsatz in einem Zündhütchen, welches in einer Aussparung (Zündglocke) mittig im Patronenboden sitzt. Der Schlagbolzen schlägt ins Zentrum auf das Zündhütchen. Bei allen gängigen Jagdpatronen ab Kaliber .22 Hornet finden wir die Zentralfeuerzündung.

Erklären Sie den Unterschied zwischen einer Boxer- und einer Berdanzündung.

Beide Zündungsarten werden für Zentralfeuerpatronen verwendet. Bei der **Boxerzündung** hat die Patronenhülse nur **einen Zündkanal** und der **Amboss (Widerlager) ist Bestandteil des Zündhütchens.** Bei der **Berdanzündung** hat die Patronenhülse **zwei Zündkanäle** und der **Amboss ist Bestandteil der Patronenhülse.**

Welche Zündungsart ist die häufigere in Jagdpatronen?

Die **Boxerzündung** ist hier fast ausschließlich vertreten. Sie ist von der Fertigungstechnik her einfacher herzustellen. Berdanzündungen findet man oft bei Militärpatronen.

Welche gesetzlichen Mindestanforderungen (BJG) werden an Büchsenpatronen bei der Jagd gestellt?

Für den Schuss auf Rehwild und Seehunde muss die E 100 mindestens 1.000 Joule betragen, bei allem übrigen Schalenwild mindestens 2.000 Joule und der Geschossdurchmesser muss mindestens 6,5 mm betragen.

Welches ist das kleinste handelsübliche für Rehwild zugelassene Kaliber?

.222 Remington

Welches ist das kleinste handelsübliche für alles Schalenwild zugelassene Kaliber?

6,5 x 55

Nennen Sie typische Schonzeitkaliber, die üblicherweise nur zur Jagd auf Raubwild und Raubzeug verwendet werden, wenn Schalenwild Schonzeit hat.

Randfeuerpatronen:

- .17 (neuerdings), .22 lfB, .22 WM

Die .22 Win. Mag ist die stärkste Patrone mit Randfeuerzündung.

Zentralfeuerpatronen:

- .17 (neuerdings), .22 Hornet

Die .22 Hornet ist das kleinste, sehr beliebte Kaliber mit Zentralfeuerzündung im Kaliber 5,6.

Welche Gemeinsamkeit weisen Schonzeitpatronen auf und welche Unterschiede?

Gemeinsamkeit: Alle haben den gleichen Geschossdurchmesser (0,22 Zoll ~ 5,6 mm), (0,17 Zoll ~ 4,5 mm).
Unterschiede: Zündungsart (s. o.), Größe und Form der Hülse, Pulvermenge, Gasdruck (Energie)

Was bedeuten die Zahlenangaben am Patronenboden bei den deutschen Kalibern, wie z. B. 7 x 57?

- **1. Ziffer:** ungefährer **Geschossdurchmesser** (Kaliber) in mm (Nennkaliber)
- **2. Ziffer: Länge der Patronenhülse** in mm vom Patronenboden bis zum Hülsenmund

Was bedeutet die Angabe „R" der Patrone 7 x 57 R?

Die Patrone hat eine Hülse mit **Rand (R)**. Sie wird vorzugsweise aus Kipplaufwaffen verschossen.

Wie wird das Büchsenkaliber in englischsprachigen Ländern angegeben?

Die Nennkaliber werden als Näherungswerte in 1/100 oder 1/1.000 **Zoll** angegeben (z. B. .243 = 0,243 Zoll, .38 = 0,38 Zoll). Die Hülsenlänge wird nicht angegeben, stattdessen wird der Konstrukteur genannt (z. B. Winchester, Remington, Savage).

Was bedeuten die Zahlenangaben und Abkürzungen bei folgenden Patronen?

.30-06 Spr.: Das **Nennkaliber** beträgt ca. 30/100 Zoll (eigentlich 308/1.000), also **7,62 mm**. Die **Zahlenangabe -06** hinter dem Kaliber gibt das **Jahr 1906** an, in welchem sie als Dienstpatrone in die US-Armee eingeführt wurde. Die **Abkürzung Spr.** gibt den Konstruktionsort der Patrone an, hier den Ort Springfield. Die Hülsenlänge wird nicht angegeben.
.308 Win.: Das **Nennkaliber** ist hier wie bei der .30-06 Spr. **7,62 mm**. Die **Abkürzung** Win. gibt auch hier den Konstrukteur der Patrone an. hier die Firma Winchester. Die Hülsenlänge wird nicht angegeben.

Nennen Sie die deutschen Bezeichnungen für folgende Patronen.

- .308 Win. = (7,62 x 51 mm)
- .30-06 Spr. = (7,62 x 63 mm)

Ist die Büchsenpatrone .22 Hornet rehwildtauglich?

Nein, da sie **nicht die Mindestenergie von 1.000 Joule auf 100 m** Entfernung erreicht. (E 100 ca. 400 J)

Darf mit der Büchsenpatrone .243 Win. ein Frischling erlegt werden?

Nein, da der **Geschossdurchmesser der .243 unter 6,5 mm liegt** und **alles Schalenwild außer Rehwild** nur mit Büchsenpatronen erlegt werden darf, deren **Mindestkaliber 6,5 mm beträgt.**

Darf ein Frischling mit der alten „Försterpatrone" 9,3 x 72 R erlegt werden?

Nein, da diese Patrone **nicht die** dafür notwendige **Mindestenergie E 100 von mindestens 2.000 Joule** hat. (E 100 ca. 1.400–1.500 Joule)

Was verstehen wir unter einer Rehwildpatrone?

Patronen, die für Rehwild und Seehunde, aber nicht für sonstiges Schalenwild zugelassen sind.

Nennen Sie einige typische Rehwildpatronen.

- .222 Rem.
- .223 Rem.
- .222 Rem. Mag.
- .243 Win.
- 5,6 x 50 (R) Magnum
- 5,6 x 52 R
- 5,6 x 57 (R)
- 9,3 x 72 R

Was verstehen wir unter Standardpatronen (Beispiele)?

Patronen, mit denen alles vorkommende Schalenwild erlegt werden darf. **Beispiele:** .308 Win., .30–06 Spr., 7 x 57, 7 x 57 R, 7 x 64, 7 x 65 R, 8 x 57 IS und 8 x 57 IRS

Nennen Sie eine typische Gamswildpatrone (Hochgebirgspatrone) und ihre Eigenschaften.

Eine typische Gamswildpatrone ist die **6,5 x 68 (R)**. Für die Gamsjagd im Hochgebirge mit oft weiten Schussentfernungen werden möglichst Patronen verwendet, deren Geschossflugbahn sehr gestreckt ist, also rasante Patronen. Gut geeignet wären noch die 7 mm Rem. Magnum und die 8 x 68S sowie .300 Win Mag.

Nennen Sie die Unterschiede der Patronen 8 x 57 I und 8 x 57 IS.

Beide Patronen haben das gleiche Nennkaliber von 8 mm und die gleiche Hülsenlänge von 57 mm. **Der Geschossdurchmesser ist bei der IS-Patrone um einen guten 1/10 mm stärker als bei der I-Patrone.**

Was würde geschehen, wenn die Patrone 8 x 57 IS aus einer I-Waffe verschossen wird?

Von den Hülsenmaßen sind beide Patronen fast identisch und passen jeweils auch in die „falschen" Patronenlager. Das im **Durchmesser stärkere IS-Geschoss würde u. U. den zu engen „I-Lauf" sprengen.**

Was würde geschehen, wenn die Patrone 8 x 57 I aus einer IS-Waffe verschossen wird?

Die vom Geschossdurchmesser her schwächere 8 x 57 I würde im IS-Lauf nicht richtig durch die Züge und Felder geführt. Eine mangelhafte Schusspräzision wäre die Folge. Gefährdung des Schützen möglich.

Was bedeuten bei der Patrone 8 x 57 IRS die Buchstaben?

- **I** steht für **Infanterie**
- **R** bedeutet **Rand**
- **S** steht für den **stärkeren Geschossdurchmesser**, bedeutete ursprünglich aber „Spitzgeschoss".

Wie können Verwechslungen der Patronen 8 x 57 I und 8 x 57 IS bzw. IR und IRS vermieden werden?

Zunächst durch genaue Beachtung der Beschriftungen **(Patronenboden und Munitionspackung)**. Zusätzlich hat die **Firma RWS die S-Patronen (8 x 57 IS und 8 x 57 IRS)** folgendermaßen gekennzeichnet, um Verwechslungen mit den I-Patronen zu vermeiden:
- **schwarze Ringfugenlackierung** (früher schwarzes Zündhütchen)
- **Riffelung am Geschoss** (auch bei Dunkelheit fühlbar)

Welche Geschossarten (Grundtypen) kennen Sie?

Allgemein unterscheiden wir nach dem Aufbau **Bleigeschosse, Vollmantelgeschosse, Teilmantelgeschosse und** neuerdings auch sogenannte häufig bleifreie **„Solids" (Massivgeschosse), wie z. B. das RWS Evolution-Geschoss.** Nach der Geschossspitze können unterschieden werden: **Rundkopfgeschosse, Flachkopfgeschosse und Spitzgeschosse.**

Was sind Vollmantelgeschosse und wie wirken Sie?

Bei **Vollmantelgeschossen ist ein Bleikern** einschließlich der Spitze **mit einem härteren Mantelmaterial** aus **Flussstahl** oder aus **Tombak umschlossen.** Das Vollmantelgeschoss verformt sich im Wildkörper je nach Trefferlage oft gar nicht und gibt wenig Energie ab. Oft ist der Ausschuss nicht viel größer als der Einschuss. Vollmantelgeschosse besitzen jedoch eine hohe Eindringtiefe und ergeben fast immer einen Ausschuss.

Wo werden Vollmantelgeschosse jagdlich verwendet?

Vollmantelgeschosse sind für den Schuss auf Schalenwild zwar nicht ausdrücklich verboten, aus Gründen der Weidgerechtigkeit verbietet sich jedoch ihre Verwendung, da i. d. R. kein schnelles Töten gewährleistet werden kann. Eingesetzt werden Vollmantelgeschosse z. B. zum balgschonenden Erlegen eines Winterfuchses oder zur Vermeidung von Wildbretentwertung beim Schuss auf Hasen oder Kaninchen. Zudem finden sie Anwendung bei der Jagd von Großwild in Afrika (z. B. Elefanten und Büffel) durch Schuss in die Schädeldecke.

Was ist ein Teilmantelgeschoss?

Teilmantelgeschosse bestehen aus **einem Bleikern,** der an der Geschossspitze nur teilweise von Flussstahl oder Tombak ummantelt ist.

Wie können Teilmantelgeschosse von Vollmantelgeschossen optisch unterschieden werden?

Bei Teilmantelgeschossen ist meist die nicht ummantelte **Geschossspitze aus Blei** sichtbar. Bei einigen Teilmantelgeschossen ist aber auch zur verzögerten Aufpilzung die Bleispitze mit einem anderen Material abgedeckt (z. B. das H-Mantel-Kupferhohlspitzgeschoss mit einer Kupferkappe oder das Silvertip von Winchester mit einer Aluminiumhaube).

Nennen Sie die Grundtypen der Teilmantelgeschosse.

- TMS = Teilmantelspitzgeschoss
- TMR = Teilmantelrundkopfgeschoss
- TMF = Teilmantelflachkopfgeschoss

Nennen Sie einige Spezialgeschosse, die aus diesen Grundtypen entstanden sind.

- HMK (H-Mantel-Kupferhohlspitzgeschoss)
- TIG (Torpedo Ideal Geschoss)
- TUG (Torpedo Universal Geschoss)
- KS (Kegelspitzgeschoss)
- Silvertip-Geschoss

Welche unterschiedlichen Wirkungsweisen kennen wir bei Teilmantelgeschossen?

Wir unterscheiden Deformationsgeschosse, bei denen die Geschosse aufpilzen und die tödliche Wirkung durch den großen Wundkanal hervorgerufen wird, sowie **Teilzerlegungsgeschosse**, bei denen sich der vordere Teil des Geschosses zerlegt und die Splitter zusätzlich entsprechende Organzerstörung hervorrufen.

Welches Teilmantelgeschoss ist ein typisches Teilzerlegungsgeschoss?

Das H-Mantel-Kupferhohlspitz-Geschoss (HMK).

Beschreiben Sie den Aufbau und die Wirkung beim H-Mantel-Kupferhohlspitz-Geschoss.

Das HMK hat eine Einschnürung im mittleren Mantelbereich (Sollbruchstelle) und einen zweigeteilten Bleikern. Beim Eindringen in den Wildkörper zerlegt sich der vordere Geschossteil in Mantel- und Bleisplitter unter Energieabgabe. Der hintere Geschossteil bleibt als Durchschlagskörper erhalten und ergibt Ausschuss.

Beschreiben Sie den Aufbau und die Wirkung beim TIG.

Das Mantelmaterial bei diesem Teilmantelgeschoss besteht aus **Flussstahl** und umschließt **2 Bleikerne**. Das **Geschossheck** ist in **Torpedoform** ausgebildet. Daher stammt der Name Torpedo-Idealgeschoss. Der **hintere härtere Bleikern hat vorn eine trichterförmige Vertiefung**, worin der vordere weichere Bleikern zapfenartig sitzt. Dies bewirkt eine pilzartige Deformierung im Wildkörper bis in den hinteren Geschossteil und somit eine hohe Energieabgabe. Der stets vorhandene **Scharfrand** befindet sich beim **TIG meist im oberen Bereich, nahe der Geschossspitze.**

Beschreiben Sie den Aufbau und die Wirkung beim TUG.

Der Mantel ist bei diesem Teilmantelgeschoss aus **Flussstahl gefertigt**. Er umschließt **2 Bleikerne** und das **Geschossheck** ist wie beim TIG in **Torpedoform** ausgebildet. Der **hintere härtere Bleikern ragt beim TUG mit seiner kegelförmigen Spitze in** eine entsprechende Vertiefung des **vorderen**

weicheren Bleikerns hinein. Damit wird eine geringere Aufpilzung, aber eine höhere Durchschlagskraft gegenüber dem TIG erreicht. Der stets vorhandene Scharfrand befindet sich beim TUG meist im mittleren Bereich des Geschosses.

Was versteht man unter einem „Solid-Geschoss“?

Solid-Geschosse sind **Massiv-**Geschosse. Sie haben **keinen Bleikern** und in der Regel auch keinen Geschossmantel, der aus anderem Material besteht als der Geschosskern. Das Geschoss besteht oft komplett aus Materialien wie z. B. Tombak, Kupfer oder anderen **bleifreien Metallmischungen**.

Welchen Gasdruck können Büchsenpatronen aufweisen?

Bis ca. 4.000 bar bei Magnumpatronen

Wie groß ist der maximale Gefährdungsbereich von Büchsenpatronen?

Bis ca. 5.000 m

Wozu haben manche Büchsengeschosse einen Scharfrand?

Er soll am Anschuss Schnitthaar (Pirschzeichen) verursachen (ausstanzen), um die Lage des Treffers zu lokalisieren. Dies ist wichtig für die Gestaltung der Nachsuche.

Aus welchem Material sind die Hülsen von Büchsenpatronen hergestellt?

Aus **Messing**. Dieses Material hat die Eigenschaft, sich nach dem druckbedingten Ausdehnen **(Lidern)** in etwa wieder auf die Ausgangsmaße zurückzuverformen. Somit können Messinghülsen nach dem Schuss wieder aus dem Patronenlager entfernt werden.

Wozu ist der Rand bei Randpatronen notwendig?

Er dient zur Anlage der Patrone im Patronenlager, sorgt also dafür, dass die Patronen nicht zu tief ins Patronenlager rutschen und zum Entladen gut gegriffen werden können.

Aus welchen Waffen werden Randpatronen meist verschossen?

Meist aus Kipplaufwaffen

Gibt es auch Randpatronen, die aus Repetierbüchsen verschossen werden?

Ja, z. B. .22 Hornet

Wozu dient die Rille bei randlosen Büchsenpatronen?

Sie dient als **Ansatz für den Auszieher** der Waffe zum Entfernen der Patrone oder Hülse aus dem Patronenlager.

Wie liegen Büchsenpatronen (mit Rille im Patronenlager) meist an?

Mit der **Schulter**. Hier verhindert also die Schulter, dass die Patrone zu tief ins Patronenlager rutscht.

Was sind Gürtelhülsen?

Magnumpatronen haben **meist Gürtelhülsen**, da der Gasdruck bei Magnumpatronen höher liegt als bei Standardbüchsenpatronen. Sie liegen auch mit Gürtel (Verstärkung des Patronenbodens) im Patronenlager an. Gürtelhülsen haben z. B. folgende Kaliber: 7 mm Remington, .300 Winchester Mag.

Aus welchen Waffen werden Büchsenpatronen mit Rille meist verschossen?

In der Regel aus **Repetierbüchsen**

Können diese randlosen Büchsenpatronen mit Rille auch aus Kipplaufwaffen verschossen werden?

Ja, mit entsprechend **konstruiertem Auszieher** der Waffe

Beschreiben Sie den Aufbau (Komponenten) einer Schrotpatrone.

- Bodenkappe (meist Metall) mit Zündhütchen
- Hülse (Plastik oder Pappe)
- Pulver (offensiv)
- Zwischenmittel (Plastik oder Filz)
- Schrote (Vorlage)

Wozu dient das Zwischenmittel in der Schrotpatrone?

Zur Trennung von Pulver und Schroten sowie zur Abdichtung. Beeinflussung der Schrotgarbe (Zwischenmittel aus Plastik, als **Schrotbecher** ausgebildet, **halten Schrotgarbe länger zusammen** und sorgen für weniger Reibung im Lauf; Zwischenmittel aus Filz sorgen für einen gewissen Laufreinigungseffekt.)

Aus welchen Materialien sind die Hülsen der Schrotpatronen? Nennen Sie deren Vor- und Nachteile.

- Papphülsen: Sie verrotten, können aber bei Feuchtigkeit aufquellen.
- Plastikhülsen: Sie sind unempfindlicher gegen Nässe und verrotten nicht.

Wie werden Schrotpatronen im oberen Teil verschlossen?

- Bördelverschluss: Die Schrotladung wird mit einer Abschlussscheibe verschlossen, auf der die Hülsenoberkante umgebördelt wird. Meist bei Papphülsen
- Sternverschluss (Faltverschluss): Das Hülsenmaterial endet in einem sternförmig gefalteten Verschluss. Meist bei Plastikhülsen

Aus welchem Material sind Schrote hergestellt?

Am häufigsten wird **Blei** verwendet. Wegen Bleivergiftungen von Wasservögeln (meist gründelnde Enten) werden im Handel **auch Weicheisenschrote** aus Zink und Eisen sowie Wolfram, Kupfer und Wismut angeboten. Sogenannte Stahlschrote (Weicheisenschrote) dürfen aus normal beschossenen Flinten (N) im Kal. 12 nur bis zu einem Durchmesser von 3,25 mm verschossen werden, darüber ist ein verstärkter Beschuss (V) in Verbindung mit einem speziellen Stahlschrotbeschuss (Lilie) erforderlich.

Wie weit ist die maximal waidgerechte Schussentfernung beim Schrotschuss?

Sie liegt bei **ca. 35 m** bei Bleischrot (rund 28 Meter bei Weicheisenschrot).

Wie weit reicht der Gefährdungsbereich bei Schrotpatronen?

Schrotstärke in mm x 100 = max. Gefährdungsbereich der Schrote in m (Beispiel 3 mm-Schrot: 300 m)

Wie soll der Schrotschuss auf Wild wirken?

Der Schrotschuss soll einen Schocktod hervorrufen. Die Schockwirkung erfolgt durch eine fast zeitgleiche Reizung vieler Nervenenden. Darüber hinaus kommt es auch zu mechanischer Zerstörung an Gewebe sowie ggf. Organen.

Welches sind die bei der Jagd am häufigsten verwendeten Schrotkaliber?

- Kal. 12 (18,2 mm)
- Kal. 16 (16,8 mm)
- Kal. 20 (15,7 mm)

Was besagt die Kaliberbezeichnung 12 und woher stammt sie?

Werden aus einem englischen Pfund Blei (453,6 g) 12 gleichgroße Kugeln gegossen, so entspricht der Durchmesser **einer Kugel** dem Innendurchmesser eines Schrotlaufs im Kaliber 12 (18,2 mm). Werden aus dem Pfund Blei 20 Kugeln gegossen, entspricht eine Kugel dem Laufdurchmesser von 15,7 mm (Kaliber 20).

Welche Hülsenlängen kennen wir bei Schrotpatronen?

65 mm, 67,5 mm, 70 mm, 76 mm (Hülsenlängen werden bei Schrotpatronen in abgeschossenem Zustand gemessen).

Welche Patronenlagerlängen unterscheiden wir bei Flinten und welche Hülsenlängen dürfen daraus verschossen werden?

- **Patronenlager 65 mm**: 65 mm, 67,5 mm (Hülsenlänge)
- **Patronenlager 70 mm**: 65 mm, 67,5 mm, 70 mm (Hülsenlänge)
- **Patronenlager 76 mm**: 65 mm, 67,5 mm, 70 mm, 76 mm (Hülsenlänge)

Die **Hülsenlängen**, im abgeschossenen Zustand gemessen, **dürfen immer nur gleich groß oder kleiner als das Patronenlager sein;**
Ausnahme: Hülsenlänge 67,5 mm kann aus einem 65 mm Patronenlager verschossen werden.

Welche Schrotgrößen werden für welches Wild verwendet?

Schrotnummer	Schrotkorndurchmesser	Wildarten
1	4 mm	Dachs, Auerhahn, Gans
3	3,5 mm	Fuchs, Hase (Winterbalg)
5	3 mm	Hase, Ente, Fasan (Feldtreibjagd)
7	2,5 mm	Kaninchen, Taube, Rebhuhn
9	2 mm	Schnepfe

Wie sind Schrotpatronen gekennzeichnet?

- **Kaliberbezeichnung:** auf dem Hülsenboden
- **Hülsenlänge:** seitlich auf der Hülse
- **Schrotgröße:** seitlich auf der Hülse; bei Bördelverschluss auf dem Verschlussdeckel

Wie hoch ist der Gasdruck von Schrotpatronen?

- Normalpatronen: bis 830 bar
- Magnumpatronen: bis 1.050 bar

Wie kann die Streuung der Schrotgarbe beeinflusst werden?

- **In der Patrone** durch Einbau von **Schrotbechern** und **Streukreuzen.** Schrotbecher halten die Garbe zusammen, Streukreuze zerstreuen die Schrotgarbe schon auf kurze Entfernung.
- **In der Waffe** durch **Choke-** bzw. durch **Skeetbohrungen**. Chokebohrungen halten die Schrotgarbe zusammen, Skeetbohrungen lassen mehr Streuung zu.

Wozu werden Streupatronen verwendet?

Zum Schießen auf kurze Distanzen, z. B. auf Kaninchen oder beim Skeet-Schießen

Was sind Posten und zu welchem Zweck dürfen sie verwendet werden?

Grobe Schrote über **4 mm** Durchmesser. Sie sind auf Schalenwild und Seehunde verboten, auf anderes Wild zwar zulässig, jedoch nicht weidgerecht, da sie durch die geringe Anzahl der Kugeln keine ausreichende Deckung gewähren und damit einen Schocktod bei kleinen Wildarten nicht gewährleisten.

Wie groß ist die Längenstreuung einer Schrotgarbe?

Ca. 1/10 der Schussentfernung. Bei 35 m Entfernung von der Laufmündung also ca. 3,5 m.

Wie entwickelt sich die Breitenstreuung einer Schrotgarbe?

- **35 m Entfernung: Durchmesser ca. 1 m**
- **100 m Entfernung: Durchmesser ca. 16 bis 18 m**

Was ist ein Flintenlaufgeschoss?

Ein Bleigeschoss, das aus Schrotläufen verschossen werden kann.
Heute auch als bleifreie Varianten verfügbar.

Welches Wild darf mit einem Flintenlaufgeschoss erlegt werden?

Alles Wild (laut BJG). Die vorgeschriebene Mindestenergie bezieht sich nur auf Büchsengeschosse.

Bis auf welche Entfernung kann ein Flintenlaufgeschoss weidgerecht bei der Jagd eingesetzt werden?

Bis ca. 35 m (aus speziellen Waffen bis 50 m). Das Problem stellt i. d. R. die unzureichende Visierung (nur Laufschiene) dar.

Wie wird das Flintenlaufgeschoss im Flug stabilisiert?

Die meisten Flintenlaufgeschosse fliegen nach dem **Pfeilprinzip** (vorne schwer, hinten leicht). Hinter dem schwereren Bleikörper ist ein Filzpfropfen oder ein Plastikheck angebracht.

Wozu dienen die schräggestellten Rippen aus Blei am Brenneke-Flintenlaufgeschoss?

Sie geben dem Geschoss **keinen Drall**, sondern dienen der **Anpassung** des Geschosses **an die Verengung** im Bereich der Laufmündung (Choke). Andere Hersteller verwenden Rippen in Längsrichtung.

Wie kann man Patronen mit Flintenlaufgeschossen optisch von Schrotpatronen unterscheiden?

Von vorn betrachtet, ist bei Flintenlaufgeschossen die Bleispitze sichtbar und fühlbar, da ein Verschluss fehlt.

Wie groß ist der Gefahrenbereich bei einem Schuss mit einem Flintenlaufgeschoss?

Ca. 1.500 m (lt. DEVA)

Aus welchem Schrotlauf verschießen Sie z. B. bei einer Treibjagd das Flintenlaufgeschoss, wenn Sie einen Drilling führen?

Aus dem **linken Schrotlauf, da eine schnelle Schussfolge möglich ist.** Wird der Drilling auf Kugel umgestellt und entsichert, können ohne Umschalten 2 schnelle Schüsse auf Schalenwild abgegeben werden (vorderer Abzug: Kugel, hinterer Abzug: FLG aus dem linken Schrotlauf). Schussentfernung beachten!

Wie unterscheiden sich Pistolenpatronen von Revolverpatronen?

In der Regel haben **Pistolenpatronen eine Rille, also eine randlose Hülse,** während in der Regel **Revolverpatronen eine Hülse mit Rand** haben.

Wie kann man Kurzwaffenmunition (Zentralfeuerpatronen) erwerben?

- **Auf Schießständen:** frei zum sofortigen Verbrauch
- **Im Fachhandel:** Vorlage einer Munitionserwerbsberechtigung (WBK mit entsprechendem Eintrag)

Ballistik

Was versteht man unter Ballistik?

Die **Lehre vom Schuss**

In welche Bereich wird die Ballistik unterteilt?

Innenballistik: Sie befasst sich mit den Vorgängen in der Waffe ab dem Zeitpunkt, wo der Schlagbolzen auf den Zündsatz der Patrone aufschlägt bis zu dem Zeitpunkt, wo das Geschoss oder die Schrote den Lauf verlassen.

Mündungsballistik: Befasst sich mit den Vorgängen an der Laufmündung; z. B. zur Ermittlung der Nullwerte wie der Vo, Eo.

Außenballistik: Sie befasst sich mit den Vorgängen ab dem Zeitpunkt, wo das Geschoss den Lauf verlässt bis zum Zeitpunkt des Auftreffens auf den Wildkörper oder sonstigen Gegenstand.

Zielballistik oder Wundballistik: Sie befasst sich mit den Vorgängen, nachdem das Geschoss aufprallt und in den Wildkörper eindringt.

Beschreiben Sie die Vorgänge in der Waffe (Innenballistik) bei der Schussabgabe.

Beim Betätigen des Abzugs schlägt der **Schlagbolzen auf das Zündhütchen.** Die im Zündhütchen befindliche Zündmasse wird dabei gegen den Amboss (Widerlager) gedrückt. Durch die dabei entstehende **Reibung entzündet sich die Zündmasse** und es entsteht eine **Stichflamme**, die **durch den Zündkanal in den Pulverraum** gelangt. Das **Pulver wird entzündet und verbrennt.** Dabei wird das Pulver gasförmig und es entsteht in der Hülse ein **Gasdruck,** der dafür sorgt, dass die **Hülse sich ausdehnt** (sie lidert) und an die Patronenlagerwand gepresst wird. **Dadurch wird das Patronenlager abgedichtet.** Der weiterhin steigende Gasdruck treibt dann das Geschoss aus dem Hülsenmund heraus. Nachdem es den **Übergangskonus** durchflogen hat, wird es durch die Züge und Felder gepresst.

Erklären Sie die Begriffe „Drall", „Felder" sowie „Züge".

Als Drall bezeichnet man die Drehung des Geschosses um seine Längsachse (ca. 3.000 bis 4.000 Umdrehungen je Sekunde). Der Drall wird in einem Lauf durch die Felder und Züge erzeugt (alternativ: Polygonlauf), wobei die **Züge (Vertiefungen) schraubenartig in den Lauf geschnitten** sind. Die **Erhöhungen zwischen den Zügen** nennt man **Felder.** Der **Drall ist notwendig, um das Geschoss in seiner Flugbahn zu stabilisieren**, d. h., ein Überschlagen oder Taumeln zu verhindern.

Was versteht man unter der Dralllänge?

Der Gesamtweg, den das Geschoss im Lauf zurücklegen muss, bis es sich **einmal um seine Längsachse gedreht hat**. Die Dralllänge beträgt bei Büchsen ca. 20–40 cm – je nach Kaliber.

Was versteht man unter dem Freiflug bei einem Geschoss?

Der Gesamtweg des Geschosses vom Verlassen des Hülsenmundes bis zum Eindringen in die Felder und Züge

Was versteht man unter dem rotationslosen Geschossweg?

Der Weg des Geschosses bis zum Eindringen in die Felder und Züge (Freiflug + Einsetztiefe des Geschosses in die Hülse)

Welche Kräfte wirken auf ein Geschoss nach Verlassen des Laufs?

Luftwiderstand und die **Erdanziehungskraft**

Wie sieht die Geschossflugbahn aus?

Sie hat die Form einer **Parabel.** Je weiter das Geschoss von der Laufmündung entfernt ist, umso langsamer wird es wegen des Luftwiderstands und umso schneller fällt das Geschoss nach unten wegen der Erdanziehungskraft.

Was versteht man unter der Seelenachse?

Sie ist die gedachte Gerade durch den Laufmittelpunkt.

Wie oft schneidet die Geschossflugbahn die Seelenachse?

Nie (sie geht aus der Seelenachse hervor)

Was versteht man unter der Visierlinie?

Analog zur Seelenachse ist es die gedachte Gerade in Verlängerung der Visierung (Zielfernrohr oder Kimme und Korn).

Wie oft schneidet bei einer eingeschossenen Waffe die Seelenachse die Visierlinie?

Einmal

Wie oft schneidet bei einer auf GEE eingeschossenen Waffe die Visierlinie die Geschossflugbahn?

Zweimal. Beide Schnittpunkte ergeben jeweils einen Fleckschuss.

Was muss beachtet werden, wenn Sie mit einer im Flachland eingeschossenen Waffe im Hochgebirge schießen?

In Hochlagen ist die Luft dünner und der Luftwiderstand somit geringer. Die im Flachland eingeschossene Waffe würde im Hochgebirge einen **Hochschuss** erzielen.

Warum muss bei Weitschüssen steil nach oben und steil nach unten der Haltepunkt tiefer gewählt werden (bergauf und bergrunter, halt drunter)?

Weil die Erdanziehungskraft bei Schüssen steil nach oben oder steil nach unten weniger Einfluss auf die Geschossflugbahn hat als bei waagerechten Schüssen, ist mit einem Hochschuss zu rechnen.

Warum gilt diese Regel bei Nahschüssen, z. B. senkrecht vom Hochsitz nach unten, nicht?

Weil sich auf die kurze Distanz der Abstand von Seelenachse zur Visierlinie auswirkt. Man muss also höher halten.

Was muss beachtet werden, wenn Sie mit kombinierten Waffen mit fest verlöteten Läufen aus demselben Lauf schnell mehrere Schüsse hintereinander abfeuern?

Es muss mit einer Veränderung der Treffpunktlage in Richtung des kalten Laufs gerechnet werden (bei Drilling und Bockbüchsflinte: klettern).

Wie kann dies vermieden werden?

Verzicht auf fest verlötete Läufe; bei fest verlöteten Läufen u. U. Veränderung der Treffpunktlage durch Änderung des Haltepunkts ausgleichen oder warten, bis der Lauf abgekühlt ist.

Erklären Sie den Begriff „GEE".

Die Abkürzung steht für **günstigste Einschussentfernung.** Sie entspricht dem **zweiten Schnittpunkt der Geschossflugbahn mit der Visierlinie (Fleckschuss), wenn die höchste Abweichung der Geschossflugbahn von der Visierlinie +4 cm beträgt.**

Wie groß ist die GEE bei Standardkalibern?

Ca. 150–190 m. Bei rasanten Patronen kann die GEE auch über 200 m liegen.

Warum ist es sinnvoll, eine Jagdwaffe mit Standardkaliber auf GEE und nicht auf 100 m Fleckschuss einzuschießen?

Man kann mit einer auf GEE eingeschossenen Waffe ohne Haltepunktveränderung weiter entfernte Ziele (bis zur GEE) beschießen, da die Geschossflugbahn hier von der Visierlinie nur wenig (+– 4 cm) abweicht.

Was versteht man unter rasanten Büchsenpatronen?

Es handelt sich um Patronen mit **gestreckter Flugbahn** (GEE > 200m). Sie sind besonders für weite Schüsse (Gamsjagd) geeignet.

Welche rasanten Patronen kennen Sie?

- 6,5 x 68
- 8 x 68S
- 7 mm Rem. Magnum
- .300 Win. Mag.
- .338 Weatherby

Gefährdungssbereiche für Geschosse nach DEVA:

- **Schrot:** Schrotgröße in Millimeter x 100 (Beispiel: 3 mm Schrot = 300 m)
- **Flintenlaufgeschosse:** ca. 1.500 m, Abpraller bei Flachschuss (unter 10 Grad): ca. 600 m
- **.22 lfB:** ca. 1.300 m
- **.22 WM:** ca. 1.800 m
- **sonstige Büchsengeschosse:** ca. 5.000 m, Abpraller bei Flachschuss: bis. ca. 1500 m
- großkalibrige Pistolen und Revolverpatronen ca. 2.000 m

Was versteht man unter „doppeln"?

Das unbeabsichtigte Losgehen eines zweiten Schusses, obwohl nur ein Schuss vom Schützen beabsichtigt war.

Was versteht man unter „Doppeltreffer"?

Mit einem Schuss werden zwei Ziele getroffen (nicht waidgerecht).

Was versteht man unter „Dublette"?

Mit zwei Schüssen werden zwei Stück Wild erlegt, ohne dazwischen abzubacken.

Optik

Nennen Sie optische Geräte, die bei der Jagd verwendet werden.

- Zielfernrohre
- Ferngläser
- Spektive
- Scheiben- oder Reflexvisiere sowie Röhrenreflexvisiere
- Wärmebild- und Nachtsichtgeräte

Was ist ein Spektiv und wozu wird es benutzt?

Ein Fernrohr mit hoher Vergrößerung (15–60-fach); oft ausziehbar; manche auch mit variabler Vergrößerung; brauchbar für genaues Ansprechen von Wild auf große Entfernungen bei Tag (z. B. Gamsjagd, Vogelbeobachtung)

Erklären Sie die technischen Daten eines Fernglases 7 x 50.

- 7-fache Vergrößerung
- 50 mm beträgt der Objektivdurchmesser

Wozu dient eine Vergütung von Linsen?

Um eine **Reflektionsminderung von Lichtstrahlen an Glas-Luftflächen** zu erreichen. **Nach Aufdampfung von mehreren reflektionsmindernden Schichten** auf Linsen erreicht man bei guten Markengeräten Lichtdurchlassgrade (Transmission) von bis zu 95 %.

Was verstehen wir unter der Austrittspupille?

Es handelt sich um den gebündelten Lichtstrahl, der am Auge ankommt. Er ist als kleine Lichtkreisscheibe im Okular sichtbar, wenn man das Glas ca. 30 bis 40 cm vom Auge weghält. Sein Durchmesser berechnet sich, indem man den Objektivdurchmesser durch die Vergrößerung dividiert.

Ist eine Austrittspupille an optischen Geräten über 7 mm sinnvoll?

Nein. Unser Auge kann die Pupille maximal bis 7 mm öffnen (ältere Menschen 3–4 mm). Daher sind bei Dämmerung oder Nacht größere Austrittspupillen als 7 mm für unser Auge nicht nutzbar.

Was verstehen wir unter der Lichtstärke?

Die Austrittspupille zum Quadrat ergibt die Lichtstärke.

Wie berechnet sich die Dämmerungsleistung?

Sie entspricht der Wurzel aus dem Produkt von Vergrößerung und Objektivdurchmesser.

Sagen Lichtstärke und Dämmerungsleistung etwas über die Qualität eines Glases aus?

Nein. Bei gleichen optischen Ausgangswerten (Vergrößerung und Objektivdurchmesser) sind auch die beiden Werte gleich. Unter Transmission verstehen wir den Wert der Lichtdurchlässigkeit von optischen Geräten. Beste Ferngläser (Zielfernrohre) haben eine Transmission von über 90 %.

Erklären Sie die technischen Daten eines Zielfernrohrs (z. B. 3-12 x 56) anhand der Kenndaten.

- 3–12 ist die variable stufenlose Vergrößerung von 3–12-fach
- 56 mm bezieht sich auf den Objektivdurchmesser

Was verstehen wir unter dem Begriff „Sehfeld"?	Es ist der „Bildausschnitt", den man beim Blick durch ein optisches Gerät wahrnimmt. Es wird jeweils die Breite des Ausschnitts angegeben. Bei Zielfernrohren bezieht sich die Angabe auf eine Distanz von 100 m, bei Ferngläsern auf 1.000 m. Je höher die Vergrößerung, desto kleiner das Sehfeld.
Was ist das Absehen?	Die **Visiereinrichtung in Zielfernrohren** (z. B. Fadenkreuz oder Absehen Nr. 1 oder Nr. 4); heute meist mit beleuchtbarem Punkt oder Kreuz im Zentrum für Nachtjagd (Leuchtabsehen). Für Drückjagden empfiehlt sich nur ein beleuchtbarer Punkt als Absehen.
Welche Absehen sind bei Zielfernrohren für die Jagd üblich?	Die gebräuchlichsten Absehen sind die Absehen **1 und 4**.
Wie kann man mit einem Zielfernrohr mit dem Absehen 1 Entfernungen schätzen?	Passt ein ausgewachsenes Stück Rehwild exakt in den freien Raum zwischen die Querbalken des Absehen 1, ist das Stück ca. 100 m entfernt.
Werden offene Visierungen im heutigen Jagdbetrieb noch verwendet?	Bei **Drück- und Treibjagden** mit Schüssen bei Tageslicht und auf kurze Distanzen haben sie gegenüber Zielfernrohren den Vorteil eines größeren Sehfeldes.
Welche Zielfehler können beim Schießen mit offenen Visierungen auftreten?	Vollkorn: Hochschuss, Feinkorn: Tiefschuss, links geklemmt: Linksschuss, rechts verkantet: rechts tief
Was versteht man unter Abkommen?	Position (Stellung) der Visiereinrichtung der Waffe im Moment der Schussabgabe
Welche Bauarten von Ferngläsern kennen Sie?	**Porro**-Prismengläser (breite, kurze Form) und **Dachkant**-Prismengläser (lange, schmale Form)
Welche Bedienungsarten gibt es bei Ferngläsern?	Einstellmöglichkeit über **Mitteltrieb oder Einzelokularverstellung**
Warum ist bei Gläsern mit Mitteltrieb dennoch ein Okular verstellbar?	Dies ist nötig, um die unterschiedliche Sehkraft der Augen auszugleichen.
Wie nennt man die Verbindung zwischen Zielfernrohr und Waffe?	Montage
Welche Zielfernrohrmontagen kennen Sie?	• Schwenkmontagen • Aufschubmontagen • Sattelmontagen • Suhler Einhakmontage (Vierfuß-Montage) • Aufkippmontagen mit Weaver- oder Picatinny-Schienen • Festmontagen • ...

Waffen- und Munitionserwerb für Jäger

Wie erwirbt der Jäger eine Langwaffe (Regelfall)?

Langwaffen, sofern sie für die Jagd zugelassen sind, kann der Jäger unter Vorlage eines **gültigen Jahresjagdscheins** erwerben. Er muss den Erwerb innerhalb **von 2 Wochen** bei der zuständigen Behörde anzeigen und die Daten der Waffe **(Art, Kaliber, Modell, Hersteller, Waffennummer, Überlasser, Überlassungsdatum und Dienstsiegel)** dann in eine WBK eintragen lassen.

Wie erwirbt der Jäger eine Kurzwaffe (Regelfall)?

Zum Erwerb einer Kurzwaffe benötigt der Jäger eine WBK mit Voreintrag (unter Angabe von Art und Kaliber vorab bei der Kreispolizeibehörde beantragen). Dieser gilt 1 Jahr. Innerhalb dieser Frist kann die Waffe unter Vorlage der WBK erworben werden. Der Erwerb muss danach innerhalb von 2 Wochen der zuständigen Behörde angezeigt werden. Diese trägt die fehlenden Daten in die WBK ein.

Wie erwirbt ein Jäger (mit gültigem JJS) einen Schalldämpfer für seine Repetierbüchse?

Kauf unter Vorlage des Jagdscheins möglich. Anmeldung und Eintragung in seine WBK innerhalb von 2 Wochen. Der Kauf eines Schalldämpfers für Gewehre für Randfeuerpatronen bzw. für Kurzwaffen bedarf einer besonderen Genehmigung.

Wie erwirbt der Jäger Munition (Regelfall)?

Büchsen- und Flintenmunition sowie Randfeuerpatronen kann der Jäger unter Vorlage des Jahresjagdscheins erwerben. Bei Kurzwaffenmunition (Patronen für Pistolen und Revolver) bedarf es zum Erwerb eines entsprechenden Vermerks in der WBK.

Kennzeichnung von Waffen und Munition

Wie müssen Schusswaffen gekennzeichnet sein?

Hersteller, Herstellungsnummer, Kaliber und Beschusszeichen (auf allen wesentlichen Teilen)

Wie muss Munition gekennzeichnet sein?

- **Kleinste Verpackungseinheit muss aufweisen:** Hersteller, Kaliber, CIP-Zeichen (Zulassungszeichen), Fertigungszeichen (Seriennummer)
- Zusätzlich werden evtl. angegeben: Geschosstyp, Geschossgewicht, Chargennummer, Ballistische Daten (GEE oder Schusstafel)
- **Hülse muss** aufweisen: Herstellerzeichen und Kaliber (Letzteres kann bei kleinkalibriger Randfeuermunition entfallen.)

Kapitel 6

Naturschutz

Gliederung:
1. • Ökologische Grundbegriffe
2. • Naturschutzrecht

Ökologische Grundbegriffe

Ökologie:	Lehre vom Haushalt der Natur
Naturgüter sind:	Boden, Luft, Wasser, Klima
Biozönose:	Lebensgemeinschaft aller Tier- und Pflanzenarten in einem bestimmten Areal
Biotop:	Lebensraum von Tier- und Pflanzenarten
Ökosystem:	Summe aus Biotop (Lebensraum) und Biozönose (Lebewesen)
Symbiose:	Zusammenleben artverschiedener Organismen zum gegenseitigen Nutzen
Photosynthese:	Aufbau von Stärke aus Kohlendioxyd und Wasser mithilfe der Energie des Sonnenlichts. Dabei wird als Abfallprodukt Sauerstoff freigesetzt. Dieser Vorgang vollzieht sich in den grünen Blättern bei Tage.
Eutrophierung:	Nährstoffübersättigung, z. B. bei Gewässern
Biodiversität:	Vielfalt der Arten, der Biotope und der Genetik
Biosphäre:	Gesamtlebensraum der Erde
Sukzession:	Veränderung, Fortentwicklung der Landschaft, z. B. Feuchtgebiet verlandet, Wiese entwickelt sich zum Wald usw.
Population:	Alle Individuen einer Art in einem bestimmten Lebensraum, die eine Fortpflanzungsgesellschaft bilden.
Bioindikatoren:	Organismen, die durch ihr Vorhandensein, ihr Fehlen, ihre Vitalität oder ihr Verhalten **Rückschlüsse auf die Qualität der Umwelt erlauben**, z. B. Fischotter und Flusskrebse als Indikatoren für sauberes Wasser, Flechten als Indikatoren für die Luftqualität usw.
Zeigerpflanzen:	Pflanzen, deren Vorkommen auf ganz bestimmte Standorteigenschaften hinweisen, z. B.: Brennnesseln und Löwenzahn auf stickstoffreichen Böden; Heidelbeeren, Preiselbeeren, Heidekraut auf sauren Böden; Sumpfdotterblume, Hahnenfuß und Schwertlilie auf feuchten Standorten usw.
Randlinien, Grenzlinien:	Alle Bereiche, an denen verschiedene Vegetationsformen aufeinanderstoßen. Z. B. Grenzen zwischen Wald, Weide, Gewässer, Wiese, Hecke, Graben, Ackerrand, Getreidefeld, Rübenfeld, Kleekultur usw. Randlinienreiche Lebensräume weisen eine vergleichsweise höhere Besiedlungsdichte und Artenvielfalt auf als randlinienarme.

Biotische Umwelt:	belebte Umwelt
Abiotische Umwelt:	unbelebte Umwelt
Immission:	Einwirkung (Lärm, Staub, Ruß, Abgase etc.) auf Menschen, Tiere, Pflanzen und deren Lebensraum
Nennen Sie einheimische Pilze:	Trüffel, Pfifferling, Morcheln, Steinpilze, Champignons, Täublinge, Butterpilze, Fliegenpilze, Knollenblätterpilze
Nennen Sie einheimische Singvögel:	Kohlmeise, Schwanzmeise, Haubenmeise, Blaumeise, Tannenmeise, Buchfink, Kleiber, Baumläufer, Haus- und Gartenrotschwanz, Neuntöter, Rotrückenwürger, Rotkehlchen, Winter- und Sommergoldhähnchen, Bachstelze, Schafstelze, Star, Schwarzspecht, Grünspecht, Grauspecht, Buntspecht, Mittelspecht, Eisvogel, Feldlärche, Haus- und Feldsperling, Nachtigall, Buchfink, Kernbeißer, Wiedehopf, Ziegenmelker, Amsel, Wasseramsel, Ringdrossel, Weindrossel, Wacholderdrossel, Fichtenkreuzschnabel, Uferschwalbe, Rauchschwalbe, Mehlschwalbe, Zaunkönig, Pirol, Kuckuck, Gebirgsstelze, Heckenbraunelle
Nennen Sie einheimische Fledermäuse:	Mopsfledermaus, Kleiner und Großer Abendsegler, Mausohr, Zwergfledermaus, Wasserfledermaus, Teichfledermaus, Nordfledermaus, Zweifarbenfledermaus, Rauhautfledermaus, Große und Kleine Bartfledermaus, Bechsteinfledermaus, Fransenfledermaus, Braunes Langohr, Breitflügelfledermaus
Biotopvernetzung:	Unterschiedliche und gleichartige Biotope müssen vernetzt (verbunden) werden, damit ein genetischer Austausch erfolgen kann. Dies kann z. B. durch eine Hecke, einen seichten Wassergraben oder Trittsteinbiotope erfolgen.
Verinselung:	Einzelne Biotope, die oft nicht mehr im Zusammenhang von Gesamtbiotopen gesehen werden. Ein genetischer Austausch ist oft nicht mehr gewährleistet.
Nennen Sie einheimische wild lebende Pflanzen (Blütenpflanzen, keine Bäume- und Sträucher):	Weg- oder Stacheldistel, Silberdistel, Geflecktes Knabenkraut, Purpurknabenkraut, Sumpfschwertlilie, Schmalblättriges Weidenröschen, Arnika, Gemeine Küchenschelle, Frühlingsadonisröschen, Adlerfarn, Straußfarn, Hirschzunge, Frauenfarn, Seidelbast, Enzian, Edelweiß, alle wild lebenden Orchideen (Frauenschuh usw.), Frühlingsanemone, Leberblümchen, Heidekraut, Frauenschuh, Rotes Waldvögelein, Diptam, Gelber und Roter Fingerhut, Schneeglöckchen, Mehlprimel, Maiglöckchen, Schachblume, Christrose, Sonnentau, Frühlingsknotenblume, Rotes Straußgras, wilde Tulpe, Felsen-Fingerkraut, Veilchen
Was ist durch die Berner Konvention geregelt?	Dort finden sich Regelungen zum **unterschiedlich strengen Schutz von Tier- und Pflanzenarten** sowie **Regelungen über das Verbot bestimmter Fang- und Tötungsmethoden.**
Was verstehen Sie unter Trockenrasen?	Trockenrasen oder auch Magerrasen sind Biotope, die sich an **trockenen, nährstoffarmen Standorten** ausbilden. Die Artenzusammensetzung des Trockenrasens besteht aus **niedrigen Rasen-, Kraut- und Halbstrauchpflanzen.** Häufig sind Orchideen, Küchenschellen und Silberdisteln anzutreffen. Typisch sind Heidelandschaften, auch Wacholderheiden.
Magerrasen:	Synonym für Trockenrasen

Was verstehen Sie unter Überdüngung?

Meist eine Überdüngung durch **zu hohen Stickstoffeintrag** (z. B. Gülle). Dadurch werden **wenige Pflanzen** im Wachstum begünstigt, die dann dominieren und zu einer **Verarmung der Artenvielfalt** führen.

Was verstehen Sie unter Verbuschung?

Im Zuge der Sukzession (Übergang) von z. B. einer nicht mehr bewirtschafteten Wiese zum Wald. An Pflanzen finden wir Disteln, Ginster, Pionierpflanzen und verschiedene Sträucher.

Erklären Sie Schneeheide-Kiefernwälder.

Gesetzlich geschützter Biotop, da es sich um einen **Wald der trockenwarmen Standorte** handelt. Diese Wälder finden wir vielfach in Heidelandschaften, wie z. B. der Lüneburger Heide, aber auch an anderen Orten in kleineren Flächen angesiedelt.

Was verstehen Sie unter Eichen-Hainbuchen-Niederwäldern?

Niederwald ist ein durch **Stockausschlag entstandener Wald**. Eine Vergesellschaftung vorstehender Arten ist oft anzutreffen.

Was verstehen Sie unter Erlenwäldern?

Sind oft Auwälder im Überflutungsbereich von Bächen und Flüssen. Lebensraumprägendes Element ist eine Überflutungsdynamik. Wichtige Holzarten sind Schwarzerle, Grauerle, Eschen, Weiden, Ulmen, aber auch Eichen, Ahorn und Hainbuchen.

Erklären Sie Weidenbestände.

Sind oft **Bruch- und Sumpfwälder.** Sie wachsen auf ständig nassen Torf- und Mineralböden. Es finden sich verschiedene Weidenarten wie Bruchweiden Grauweiden, Ohrweiden, Lorbeerweiden, aber auch Birken, Eschen, Erlen, Faulbaum, verschiedene Sträucher, Sumpfpflanzen und Torfmoose.

Was sind Röhrichte und Schilfröhrichte?

Gesetzlich geschützter Biotop.
Hochwüchsige, meist geringartige Pflanzenbestände am Ufer oder im Verlandungsbereich stehende oder fließender Gewässer. Typische Pflanzen sind Schilf, Teichbinse, Rohrkolben u. a.

Erklären Sie Quellen und Quellflure sowie Quellbereiche.

Gesetzlich geschützter Biotop. Naturnahe, durch punktuell oder flächig austretendes Grundwasser geprägte Lebensräume, vegetationsfrei oder mit spezifischer Vegetation und Fauna im Wald oder im offenen Gelände. Dazu gehören Sicker- und Sumpfquellen, Sturzquellen, Grundquellen, Quelltöpfe und Karstquellen.

Nennen Sie kraft Gesetzes geschützte Biotope (§ 30 BNatSchG).

Hochmoor, Niedermoor, Blockschutthalden, Schneeheide-Kiefernwälder, Röhrichte, Feuchtwiesen, Bruchwälder, Schluchtwälder ... Das Bundesnaturschutzgesetz kennt über 60 Arten.

Was verstehen Sie unter Buchenhochwald?

Hochwald ist ein Bestand, der durch **Säen oder Pflanzen,** jedenfalls nicht durch Stockausschlag entstanden ist. Meist finden wir bei der Rotbuche einen Hochwald. Auch Hainbuchenwälder kommen vor, aber hier haben wir meist eine Entstehung aus Stockausschlag und somit einen Niederwald.

Was verstehen Sie unter Totholz?

Totholz sind absterbende und tote Bäume. Sie sind ein wichtiger Lebensraum für viele Kleinstlebewesen, aber auch für allerlei Höhlenbrüter, Insekten wie auch verschiedene Vögel, z. B. Spechte, und viele andere.

Nennen Sie Nahrungsgeneralisten.

Es handelt sich um Tiere, die ein **breites Nahrungsspektrum** haben und nicht auf eine bestimmte Nahrung festgelegt sind, z. B. Habicht, Fuchs.

Nennen Sie Nahrungsspezialisten.

Es sind Tiere, die **nur von einer Beutetierart oder Pflanzenart** leben, z. B.: Fischadler, Wespenbussard.

Was verstehen Sie unter dem Begriff „Populationsdynamik“?

Man versteht darunter die **Änderung der Größe und der Zusammensetzung einer Population.** Verantwortlich dafür sind die Faktoren Fruchtbarkeit, Sterblichkeit, Ein- und Auswanderung und das Nahrungsangebot.

Was sind Bruchwälder?

Gesetzlich geschützter Biotop.
Naturnahe Wälder und Gebüsche **auf ständig nassen Torf- und Mineralböden.**

Was verstehen Sie unter dem Begriff „Feuchtwiesen“?

Gesetzlich geschützter Biotop.
Wiesen auf ständig nassen, oft überfluteten Standorten.

Was sind Felsfluren und Felsgebüsche?

Gesetzlich geschützter Biotop.
Meist Felsen der alpinen Standorte. Die Lebensräume sind gekennzeichnet durch spezifische Flechten und Moose, Felsspalten- sowie Geröll- und Schuttvegetation.

Was verstehen Sie unter dem Begriff „Natürliche Blockschutthalden“?

Gesetzlich geschützter Biotop.
Natürlich entstandene, waldfreie Block-, Schutt- und Geröllhalden aus unterschiedlichen Gesteinen im Bergland und den Alpen. Meist nur geringer Pflanzenbewuchs aus Flechten, Moosen, Farnen und sonstigen Geröllpflanzen. **Vereinzelt sind Gebüsche, Bäume und Baumgruppen eingestreut.** An den Rändern schließen oft Schluchtwälder an.

Was verstehen Sie unter dem Begriff „Schluchtwälder“?

Gesetzlich geschützter Biotop.
Meist in eingeschnittenen Tälern oder am Fuße von Steilwänden und Felsabbrüchen wachsende Laub- und Mischwälder bestehend aus Berg- und Spitzahorn, Sommerlinde, Bergulme, Esche und Hainbuche. Oft Moos-, Farn- und Flechtenreichtum vorhanden.

Was ist im Grundstücksverkehrsgesetz geregelt?

Beim Verkauf insbesondere von landwirtschaftlichen Flächen gibt es ein **Vorkaufsrecht für verschiedene Institutionen** und **vor allem für Landwirte.**

Was will das Bundes-Immissionsschutzgesetz erreichen?

Es soll eine **Belastung der Luft mit Schadstoffen verhindert** werden.

Was regelt das Düngemittelgesetz?

Die Zulassung von Düngemitteln, die Regelung über den Umgang, Einsatz und Lagerung, die befugten Personen, die Maschinen und deren regelmäßige Überprüfung u. a.

Was ist im Bundes-Bodenschutzgesetz geregelt?

Gesetz zum Schutz vor schädlichen Bodenveränderungen und zur Sanierung von Altlasten.

Was regelt das Wasserhaushaltsgesetz?

Das WHG enthält Bestimmungen über den **Schutz und die Nutzung** von **Oberflächengewässern** und des **Grundwassers**, außerdem Vorschriften über den **Ausbau von Gewässern** und die **wasserwirtschaftliche Planung** sowie den **Hochwasserschutz.**

Was ist eine CITES-Bescheinigung und wer stellt diese aus?

Eine **Art Waffenbesitzkarte für Tiere und Pflanzen** sowie Teile davon der besonders und streng geschützten Arten der Bundesartenschutzverordnung. Die Bescheinigung wird ausgestellt vom BfN (Bundesamt für Naturschutz). Ohne CITES ist der Besitz dieser Arten nicht zulässig.

Was ist ein Hochmoor?

Ein Moor, welches **ausschließlich über Regenwasser** mit Wasser versorgt wird.

Was ist ein Niedermoor?	Ein Moor, welches durch **Grundwasser und Regenwasser** mit Wasser versorgt wird.
Zählen „natürliche oder naturnahe Bereiche fließender und stehender Binnengewässer einschließlich ihrer Ufer und der dazugehörenden uferbegleitenden natürlichen oder naturnahen Vegetation, Altarme und regelmäßig vom Gewässer überschwemmte Bereiche" zu den geschützten Biotopen im Sinne von § 30 BNatSchG?	Ja
Was verstehen Sie unter dem Begriff „Neophyten"?	**Fremde Pflanzenarten,** welche sich bei uns **verbreiten und die nicht hierhergehören,** wie z. B. der Riesenbärenklau (Herakleum) oder Japanisches Springkraut.
Was verstehen Sie unter dem Begriff „Neozoen"?	**Fremde Tierarten,** welche sich bei uns **verbreiten und nicht hierhergehören,** wie z. B. der Waschbär.
Was verstehen Sie unter dem Begriff „urbaner Raum"?	Städtischer Raum (bewohnter Raum)
Was verstehen Sie unter dem Begriff „suburbaner Raum"?	Außerstädtischer Raum (unbewohnter)
Was ist ein Trittsteinbiotop?	Ein Klein- oder Kleinstbiotop, das für Tiere und Pflanzen dazu dient, sich auch in entfernt gelegenen Gebieten wieder anzusiedeln. Es handelt sich um „Rastplätze", um zu überleben, aber doch das entferntere Ziel zu erreichen, um sich dort dauerhaft anzusiedeln.
Was bedeutet Vernetzung von Biotopen?	Bei Anlage eines z. B. Feuchtgebiets (Lebensraums) muss bereits daran gedacht werden, dass auch dieses Feuchtgebiet einmal verlandet oder austrocknet. Alles in der Natur ist endlich. Was passiert dann mit der biologischen Vielfalt (Biodiversität), was mit der biologischen Genetik. Wie kann es dennoch weitergehen? Durch Schaffung von Trittsteinbiotopen kann eine Vernetzung (Verbindung) von überregionalen Lebensräumen (Biotopen) geschaffen werden, sodass es im Sinne der Evolution weitergeht.

Naturschutzrecht

Welche Gesetze regeln den Naturschutz?	**Weltweit:** Gesetz zum Washingtoner Artenschutzübereinkommen (CITES) **EU–weit:** europ. Vogelschutzrichtlinie, FFH-Richtlinie **Bund:** Bundesnaturschutzgesetz + Bundesartenschutzverordnung **Länder:** Landesnaturschutzgesetze
Was regelt das Washingtoner Artenschutzübereinkommen?	**Schützt** weltweit **bedrohte Arten durch Ein- und Ausfuhrverbote** (Überwachung durch Zollbehörden)
Was verstehen wir unter Natura 2000?	**Europäisches Biotopverbundsystem:** bestehend aus einer europaweiten Vernetzung von FFH-Gebieten und Vogelschutzgebieten zum länderübergreifenden Schutz von gefährdeten wild lebenden Pflanzen- und Tierarten und ihren natürlichen Lebensräumen.

Welche Naturschutzbehörden gibt es?

Bund: Bundesministerium für Umwelt und Bundesamt für Naturschutz (BfN)
Bundesländer:
- **Oberste Naturschutzbehörde:** Minister für Umwelt, beraten durch den Fachbeirat für Naturschutz
- **Obere Naturschutzbehörde:** zuständige Stelle beim Regierungspräsidium (sofern vorhanden), beraten durch den Fachbeirat für Naturschutz
- **Untere Naturschutzbehörden:** Landkreise und kreisfreie Städte, beraten durch den Fachbeirat für Naturschutz und den Naturschutzbeauftragen

Welche Ziele verfolgt der Naturschutz?

Natur und Landschaft aufgrund ihres **eigenen Wertes** und als **Lebensgrundlage des Menschen** im besiedelten und unbesiedelten Bereich zu schützen.

Welche Schutzkategorien kennen wir im Artenschutz und was bedeuten sie?

Allgemeiner Schutz: Verbot, ohne vernünftigen Grund zu verletzen, zu fangen und zu töten

Besonderer Schutz: Generelles Verbot, nachzustellen, zu fangen, zu verletzen, zu töten oder in Besitz zu nehmen (Ausnahmen mit Genehmigung, besonders geschützte Wildarten, darf der JAB als Totfund in Besitz nehmen)

Strenger Schutz: zusätzlich Störverbot

Welche Arten fallen unter den allgemeinen Schutz?

Alle Tiere und Pflanzen, die nicht gem. Bundesartenschutzverordnung unter den besonderen oder strengen Schutz fallen. Auch viele Wildarten (zumindest Wildarten mit Jagdzeit) sind nur allgemein geschützt. Tiere, die dem Jagdrecht unterliegen, sind vom Naturschutz nicht ausgeschlossen. Es müssen ggf. beide Rechtskreise beachtet werden. Beispiel: Aneignungsrecht

Welche Säugetiere sind lediglich allgemein geschützt?

Schermaus, Rötelmaus, Erdmaus, Feldmaus, Hausmaus, Wanderratte, Hausratte, Bisam, amerikanischer Nerz sowie die Wildarten (zumindest solche, die Jagdzeiten haben)

Nennen Sie Beispiele für besonders geschützte Säugetiere.

Igel, Spitzmaus, Maulwurf, Eichhörnchen, Feldhamster, Bilche (Siebenschläfer, Gartenschläfer, Baumschläfer, Haselmaus)

Nennen Sie Beispiele für besonders geschützte Vögel.

Alle europäischen Vogelarten, soweit nicht jagdbar mit Jagdzeit, also alle Singvögel (Lerchen, Schwalben, Meisen, Rabenvögel, Finken u. v. m.), aber auch Störche, Regenpfeifer, Spechte, Greife, Falken, Eulen, Käuze

Welche Reptilien sind besonders geschützt?

Alle europäischen Arten, also alle **Schlangen** (Ringelnatter, Kreuzotter usw.), alle **Eidechsen** (Mauereidechse, Smaragdeidechse, Blindschleiche usw.) und alle **Schildkröten** (Sumpfschildkröte, Landschildkröte usw.)

Welche Amphibien sind besonders geschützt?

Alle europäischen Arten, also alle **Frösche** (Laubfrosch, Grasfrosch usw.), alle **Kröten** (Erdkröte, Kreuzkröte usw.), alle **Unken** (Gelbbauchunke, Rotbauchunke usw.), alle **Molche** (Bergmolch, Teichmolch, Fadenmolch, Kammmolch usw.) und alle **Salamander** (Feuersalamander, Alpensalamander usw.)

Welche Insekten sind besonders geschützt?

Beispiele: Große Rote Waldameise, Hirschkäfer, Libellen, Hornissen, Wildbienen und viele Schmetterlinge (Segelfalter, Apollofalter, Schwalbenschwanz, Nachtpfauenauge usw.)

Welche Pflanzen sind besonders geschützt?

Beispiele: Orchideen, Edelweiß, Enzian, Schneeglöckchen, Schwertlilie, Fingerhut, Sonnentau

Was verstehen Sie unter den roten Listen?

Im Gegensatz zu der Bundesartenschutzverordnung, in der besonders geschützte Arten aufgelistet sind, **werden in den roten Listen die Arten aufgelistet, die in einem bestimmten Bundesland gefährdet sind,** unabhängig von ihrem Schutzstatus und **ohne rechtliche Folgen.** Nähere Angaben und Listen sind auf der Website des Bundesamts für Naturschutz zu finden (www.bfn.de).

Welche Biotope sind kraft Gesetzes in Deutschland geschützt?

Beispiele: Quellbereiche, Moore (Hochmoore, Niedermoore), Sümpfe, Wacholderheiden, Trockenrasen, Auwälder u. a. Laut BNatG § 30 gibt es ca. 60 verschiedene kraft Gesetzes geschützte Biotope.

Welche Schutzgebiete können durch Verordnung ausgewiesen werden?

- **Bioshärenreservate:** großräumige Kulturlandschaften, z. B. Pfälzerwald-Vogesen, Elbtalauen, Schwäbische Alb
- **Nationalparks**: großräumige, wenig beeinflusste Landschaften, z. B. Eifel, Bayrischer Wald, Berchtesgaden, Harz, Wattenmeer
- **Nationales Naturmonument:** ähnlich Naturdenkmal, aber über 5 ha Größe
- **Naturparke:** großräumige Erholungsgebiete, z. B. Soonwald, Saar-Hunsrück
- **Landschaftsschutzgebiete:** nicht großräumig; dienen dem Erhalt der Leistungsfähigkeit und Nutzungsfähigkeit der Natur; es gilt ein relatives Veränderungsgebot; Land- und Forstwirtschaft sind i. d. R. möglich
- **Naturschutzgebiete:** nicht großräumig; dienen dem Schutz von Biotopen bestimmter Tier- und Pflanzenarten; es gilt ein absolutes Veränderungsverbot; Land- und Forstwirtschaft sind i. d. R. nicht möglich. Es handelt sich um das Gebiet mit der höchsten Schutzstufe.
- **Geschützte Landschaftsbestandteile:** nicht großräumig, Gliederung des Orts- und Landschaftsbildes, z. B. Alleen oder Heckenlandschaften
- **Naturdenkmäler:** Einzelschöpfungen der Natur, meist alte Bäume oder imposante Felsen

Merke: Park = sehr groß; Gebiet = kleiner!

Darf man in einem Jagdbezirk Tiere aussetzen, um den Artenreichtum zu erhöhen?

Gebietsfremde Arten dürfen nicht ausgesetzt werden. Bei nicht gebietsfremden Arten bedarf es im Falle von Wildarten der Genehmigung der Obersten Jagdbehörde, sonst der Genehmigung der Obersten Naturschutzbehörde (Schwarzwild und Wildkaninchen können nicht genehmigt werden).

Was sind Tiergehege? Dürfen Tiergehege errichtet werden?

Tiergehege sind eingefriedete Grundflächen, auf denen Tiere wild lebender Arten im Freien gehalten werden, z. B. Schaugehege, Damwildgatter zur Fleischproduktion u. Ä.
Sie dürfen errichtet werden, **müssen aber 3 Monate zuvor bei der Unteren Naturschutzbehörde angezeigt werden.**

Was ist ein Eingriff in Natur und Landschaft?

Unter „Eingriffen" verstehen wir **Veränderungen** der Gestalt oder Nutzung **von Grundflächen, soweit sie die Leistungsfähigkeit des Naturhaushalts oder das Landschaftsbild erheblich oder nachhaltig beeinträchtigen können, z. B. Abgrabungen, Aufschüttungen, Straßenbau, Umwandlung von Wald in andere Nutzungsarten** u. v. m.

Wann sind Eingriffe zulässig?

Sie bedürfen einer **Genehmigung,** die nur erteilt werden kann, wenn **vermeidbare Beeinträchtigungen unterlassen** und **unvermeidbare ausgeglichen** werden. (Eingriffs- und Ausgleichsregelung)

Gilt die land- und forstwirtschaftliche Bodennutzung auch als Eingriff?

Nein! Sie stellt keinen Eingriff dar, **sofern sie der guten fachlichen Praxis entspricht.**

Kapitel 7

Jagdrecht

Jagdrecht – Jagdbehörden – LJV – Wild-Hege – Jagdausübung – Aneignung – Inhaber des Jagdrechts/Ausübung des Jagdrechts

Welche Gesetze und Verordnungen betreffen die Jagd?
(BW, NW und RP haben LJG als Vollgesetze erlassen, d. h., sie haben alles (neu) geregelt, was sie gesetzlich regeln durften.)

- BJG
- LJG
- Waffengesetz
- Bundes- und Landesnaturschutzgesetz
- Strafgesetzbuch (StGB)
- Strafprozessordnung (StPO)
- Bürgerliches Gesetzbuch (BGB)
- Tierschutzgesetz
- Tiergesundheitsgesetz
- Tierseuchengesetz
- Lebensmittelhygieneverordnungen
- usw.

Was haben BGB, StGB und StPO mit der Jagd zu tun?
(Auf Seite 134 finden Sie ein Abkürzungsverzeichnis.)

BGB: Herrenlosigkeit wild lebender Tiere, Aneignung, Schadensersatz, Vertragsrecht, Notwehr, Notstand (im Hinblick auf zivilrechtliche Folgen, insbes. Schadensersatz)
StGB: Straftaten und Strafrahmen, Notwehr, Notstand (im Hinblick auf strafrechtliche Folgen)
StPO: „Jedermann Recht“: Recht zur vorläufigen Festnahme. In der StPO geregelt, weil ggf. Freiheitsentzug (vorläufige Festnahme) dort geregelt ist.

Welche Jagdbehörden werden unterschieden?

- **Oberste Jagdbehörde:** zuständiger Minister auf Landesebene (beraten durch Landesbeirat)
- **Obere Jagdbehörde:** Regierungspräsidium (wenn vorhanden)
- **Untere Jagdbehörden:** Landkreise und kreisfreie Städte (beraten durch Kreisjagdbeirat und ggf. Kreisjagdmeister)

Landesjagdverbände LJV e. V.
In Deutschland existieren 16 Landesjagdverbände (16 Bundesländer). Sie finden eine Aufzählung im Anhang auf Seite 174 mit Angabe der Webseiten. Dort können Sie auch Informationen über die Jagd im Allgemeinen und oft auch die entsprechenden Landesjagdgesetze sowie die entsprechenden Verordnungen und Jagdzeiten der Länder nachlesen.

- Z. B. Landesjagdverband Niedersachsen e. V. (ein eingetragener Verein)
- Z. B. VJS-Vereinigung der Jäger des Saarlandes (Körperschaft des öffentlichen Rechts)
- Alle LJV sind auch anerkannte Naturschutzverbände

Welche Aufgaben haben die Landesjagdverbände?

- Interessenvertretung der Jäger
- Anerkannte Naturschutzverbände
- Fortbildung der Jäger
- Durchführung der Fallenjagdlehrgänge
- Mitgestaltung der Jägerausbildung und Jägerprüfung
- Prüfung und Bestätigung der Brauchbarkeit von Jagdhunden u.a.

Inhalt des Jagdrechts:

BJG § 1: Das Jagdrecht ist die ausschließliche Befugnis, auf einem bestimmten Gebiet Wild zu hegen, die Jagd auszuüben und sich anzueignen. Mit dem Jagdrecht ist die Pflicht zur Hege verbunden. Vereinfacht: Das Recht zu jagen (Jagdausübungsrecht).

Was ist mit „bestimmtem Gebiet“ (Jagdrecht) gemeint?

Jagdbezirke (Eigenjagdbezirke (EJ) bzw. Gemeinschaftliche Jagdbezirke (GJ)) Deutschland wurde bei Inkrafttreten des Bundesjagdgesetzes am 1.4.1953 in Jagdbezirke eingeteilt. Dazu übernahm man die geografische Einteilung: Bundesländergrenzen, Regierungsbezirke, Landkreise, Gemeindegrenzen (Gemarkungsgrenzen). Alle Grundflächen einer Gemeinde oder Gemarkung bilden einen gemeinschaftlichen Jagdbezirk, sofern es sich nicht um einen Eigenjagdbezirk handelt und sie eine gewisse Mindestgröße haben. Somit ergibt sich: Ganz Deutschland ist in Jagdbezirke eingeteilt. Es handelt sich um

- gemeinschaftliche Jagdbezirke (GJ),
- Eigenjagdbezirke (EJ) oder
- keine Jagdbezirke.

Wild (nach BJG): Tiere nach den LJG wurden teilweise mit aufgezählt

Alle **Tiere, die dem Jagdrecht unterliegen** (im § 2 BJG aufgeführt, Wild ist herrenlos).

I. **Haarwild**
   » Schalenwild: Wisent, Elch-, Rot-, Dam-, Sika-, Reh-, Gams-, Stein-, Muffel- und Schwarzwild
   » Hasentiere: Feldhase, Schneehase, Wildkaninchen
   » Nagetiere: Murmeltier
   » Katzenartige: Wildkatze, Luchs
   » Hundeartige: Fuchs
   » Echte Marder: Baum- und Steinmarder, Dachs, Fischotter
   » Stinkmarder: Iltis, Großes Wiesel (Hermelin), Kleines Wiesel, (Mauswiesel)
   » Robben- und Seehunde: Seehund

II. **Federwild**
   » Feldhühner: Rebhuhn, Fasan, Wachtel, Wildtruthühner
   » Waldhühner: Auer-, Birk, Rackel- und Haselwild, Schneehühner
   » Wildtauben: Ringel-, Türken-, Turtel- und Hohltauben
   » Schwäne: Höckerschwan
   » Wildgänse (Gattungen Anser BRISSON und Branta SCOPOLI): Grau-, Kanada-, Bläss-, Saat-, Ringelgans
   » Wildenten (Anatinae): Stock-, Pfeif-, Krick-, Spieß-, Berg-, Reiher- und Tafelente; Schell-, Kolben-, Moor-, Eider-, Eis-, Samt- und Trauerente
   » Säger: Gänse-, Mittel- und Zwergsäger
   » Schnepfenvögel: Waldschnepfe
   » Rallen: Blässhuhn
   » Lappentaucher: Haubentaucher
   » Trappen: Großtrappe
   » Reiher: Graureiher
   » Möwen: Silber-, Lach-, Sturm-, Mantel- und Heringsmöwe
   » Rabenvögel: Kolkrabe; Rabenkrähe, Nebelkrähe, Saatkrähe, Dohle, Elster, Eichelhäher, Tannenhäher

III. **Greife (Habichtsartige):**
   » Adler: See-, Stein- und Fischadler
   » Bussarde: Mäuse-, Rauchfuß- und Wespenbussard
   » Habichte: Habicht und Sperber

» Milane: Roter und Schwarzer Milan
» Weihen: Korn-, Rohr- und Wiesenweihe

IV. **Greife (Falken):**
» Falken: Wander-, Baum-, Turmfalke und Merlin
» **Rabenvögel:** Kolkrabe; Rabenkrähe, Nebelkrähe, Saatkrähe, Dohle, Elster, Eichelhäher, Tannenhäher

Wild laut LJG:
(Mehr Infos in der Tabelle im Anhang. Seite 135)

Nach Landesrecht wurden zusätzlich zu den Tierarten laut BJG einige oder alle der nachfolgenden Arten für jagdbar erklärt:
- Waschbär
- Marderhund
- Mink
- Nutria
- Wolf
- Rabenkrähe
- Elster
- Nilgans
- Goldschakal
- Bisam

Welche Tiere wurden in Ihrem Prüfungsbundesland zusätzlich für jagdbar erklärt?
(Mehr Infos in der Tabelle im Anhang. Seite 135)

Was verstehen Sie unter „jagdbar"?

Es handelt sich um Tiere, die dem Jagdrecht unterliegen.

Was verstehen Sie unter „geschont"?

Tiere, die dem Jagdrecht unterliegen und ganz oder teilweise eine Schonzeit haben

Was verstehen Sie unter „geschützt"?

Tiere, die dem Naturschutzgesetz unterliegen

Was verstehen Sie unter „ganzjährig geschont"?

Tiere, die dem Jagdrecht unterliegen und keine Jagdzeit haben

„Es gibt schon mehr Jäger als Wild" – was antworten Sie darauf?

Die BRD hat rund 80 Mio. Bürger und ca. 400.000 Jäger, also ca. 0,5 %. Diese erlegen ca. 2 Mio. Stück Schalenwild. Der Gesamtwert aller erlegter Wildtiere beträgt ca. 220 Mio. €
(Quelle DJV Handbuch)

Beendigung der Herrenlosigkeit:

Die Herrenlosigkeit wird beendet **durch Eigentumsbegründung (Aneignung: berechtigte Inbesitznahme)**. Zur Inbesitznahme genügt das **Herantreten** des Aneignungsberechtigten mit Inbesitznahmewillen.

Ziel der Hege:

Ziel der Hege ist, die Erhaltung eines **„angepassten, artenreichen (Biodiversität) und gesunden Wildbestands** sowie die Pflege und **Sicherung seiner Lebensgrundlagen.**" Die Hege muss so durchgeführt werden, dass „insbesondere **Wildschäden** möglichst **vermieden werden.**"

Jagdausübung erstreckt sich auf:

- Aufsuchen
- Nachstellen (Praktizieren einer Jagdart)
- Erlegen und Fangen von Wild
  (Bei der Jagdausübung sind die **Grundsätze der deutschen Weidgerechtigkeit** zu beachten.)

Grundsätze der deutschen Weidgerechtigkeit:

- dem Wild **unnötige Qualen ersparen** (Tierschutz)
- dem Wild eine **Chance geben (Fairness)**
- das **Wild als Geschöpf der Natur** zu achten (Ethik)
- anständiges **Verhalten der Jäger** untereinander und in der Öffentlichkeit

Wem gehört in Freiheit lebendes Wild?

Es ist gemäß BGB „herrenlos“, solange es sich in Freiheit befindet.

Wer ist Inhaber des Jagdrechts?

Das **Jagdrecht** steht dem **Grundstückseigentümer** auf seinem Grund und Boden zu. Es ist untrennbar mit dem Eigentum an Grund und Boden verbunden. Ausübung des Jagdrechts ist nur möglich in Jagdbezirken (EJ/GJ). **Nach § 6a BJG** können Grundstückseigentümer aus ethischen Gründen die jagdliche Nutzung ihrer bejagbaren Grundflächen auf Antrag ausschließen.

Wem steht das Jagdausübungsrecht zu?

Dem Inhaber eines Jagdbezirks oder dem „Benannten“ (Beauftragen)

Wer darf das Jagdausübungsrecht wann und wo nutzen?

S. o. mit gültigem Jagdschein, jedoch nur in dem näher bezeichneten Bezirk mit zeitlicher Festlegung (z. B. Dauer eines Jagdpachtvertrags), Regelungen für Jagdgäste sind zu beachten.

Jagdbezirke – Jagdgenossenschaft

Wie setzen sich Eigenjagdbezirke zusammen?

Aus **mindestens 75 ha** (laut BJG) zusammenhängenden, bejagbaren Grundflächen, die im Eigentum einer Person oder einer Personengemeinschaft sind.

Bejagbare Grundflächen:

land-, forst- oder fischereiwirtschaftlich nutzbare Grundflächen;
alle Grundflächen einer Gemeinde **(auch nicht bejagbare Flächen);** außer Eigenjagdbezirken (EJ)

Gemeinschaftliche Jagdbezirke (GJ) setzen sich zusammen aus …

Bitte übertragen Sie die Regelungen Ihres Prüfungsbundeslandes in nebenstehenden Kasten (siehe Tabelle S. 139).

Mindestgröße lt. BJG: 150 ha.
Die Länder haben teilweise die **Mindestgröße anders festgesetzt.**

EJ:	**GJ:**

Jagdausübungsberechtigte:

- **Im Eigenjagdbezirk:** Eigentümer, Pächter oder Benannter
- **Im gemeinschaftlichen Jagdbezirk:** Jagdgenossenschaft, Pächter oder Benannter

Was verstehen Sie unter „Hegegemeinschaft"?

Freiwilliger oder gesetzlich vorgeschriebener Zusammenschluss von Jagdausübungsberechtigten in Bewirtschaftungsbezirken angrenzender Jagdbezirke zum Zwecke der Hege (z. B. gemeinsame Erstellung des Abschussplans). Oft nach Landesrecht vorgeschrieben für Rot- und Damwild, freiwillig für alle Wildarten möglich

Bewirtschaftungsbezirke (Hegegemeinschaft):

Werden i. d. R. gebildet für Rot-, Dam- und Muffelwild. Weitere Wildarten sind möglich.

Jagdgenossenschaft:

Alle Eigentümer **bejagbarer** Grundflächen eines gemeinschaftlichen Jagdbezirks (Zwangsmitgliedschaft, Körperschaft des öffentlichen Rechts)

Warum wurde die Rechtsform „Genossenschaft" gewählt?

Es wurde 1953, bei Inkrafttreten des BJG, dem Genossenschaftsgedanken „einer für alle, alle für einen" Rechnung getragen. Der Geschädigte sollte von der Gemeinschaft seinen Wildschaden in jedem Fall ersetzt bekommen, unabhängig von der finanziellen Situation des Ersatzpflichtigen.

Beschlussfassung bei der Jagdgenossenschaft:

Mehrheit der anwesenden und vertretenen (schriftliche Vollmacht) Jagdgenossen und Mehrheit der vertretenen Grundfläche (weitere Regelungen über Satzung der Jagdgenossenschaft möglich)

Nutzungsmöglichkeiten eines gemeinschaftlichen Jagdbezirks durch:

- Verpachtung
- Selbstnutzung durch angestellte Jäger
- ruhen lassen (mit Genehmigung der UJB)

Ruhen der Jagd mit Genehmigung der UJB möglich, aber nicht wahrscheinlich. Dies würde auch dem Gedanken des Reviersystems zuwiderlaufen. §6a BJG ist zu beachten.

Arten der Verpachtung:

- Versteigerung (Submission – schriftliche oder mündliche Gebote)
- Freihandvergabe
- Verlängerung eines Pachtvertrags

Jagdschein – Jagdpacht – Jagdgäste – Jagdaufseher

Jagdschein:

Jeder, der die Jagd ausübt, muss einen gültigen Jagdschein mit sich führen. Die Erteilung ist insbesondere abhängig vom **Bestehen einer Jägerprüfung in Deutschland (UJB des Hauptwohnsitzes stellt Jagdschein aus).**

Vorzulegen bei Lösen des Jagdscheins sind:

- Prüfungszeugnis
- Jagdhaftpflichtversicherung (Bestätigung)
- 2 Passbilder
- Geld
- Personalausweis

Muss-Versagungsgründe:

- unter 16 Jahre
- fehlende Zuverlässigkeit
- fehlende körperliche Eignung

Jagdscheinarten:

Jeweils für Inländer und Ausländer:

- **Jahresjagdschein**: für 1 Jagdjahr, 2 Jagdjahre oder 3 Jagdjahre
- **Tagesjagdschein:** 14 Tage gültig, max. 3 je Jahr, nicht an Jugendliche und nicht an Inländer
- **Jugendjagdschein:** nur in Begleitung (unmittelbare Nähe) einer jagdlich erfahrenen Person (Erziehungsberechtigter oder von diesem schriftlich

Definition von „Gesellschaftsjagd" länderabhängig!

Ermächtigter); keine Teilnahme als Schütze an Gesellschaftsjagden (i. d. R. 4 Personen); Waffen können nur vorübergehend ausgeliehen werden (keine WBK)

- **Falknerjahresjagdschein:** für 1 Jagdjahr, 2 Jagdjahre für 3 Jagdjahre

Jagdverpachtung (Rechtsvorschriften):
Siehe Tabelle auf S. 139

- nur in **Gesamtheit** (Verpächter kann sich jedoch einen Teil vorbehalten)
- nur an **Jagdpachtfähige** (muss **gültigen Jahresjagdschein besitzen und** solchen zuvor während **3 Jahre in Deutschland besessen haben**)
- **Pachthöchstfläche:** 1.000 ha (es zählen nur Pächter, Mitpächter und in einigen Ländern die Inhaber von entgeltlichen Jagderlaubnisscheinen)
- Schriftform
- Mindestpachtdauer nach BJG 9 Jahre, Länder haben teils abweichende Regelungen

Bitte übertragen Sie die Regelungen Ihres Prüfungsbundeslandes in nebenstehenden Kasten. Siehe Tabelle auf S. 139.

Die Inhaber von entgeltlichen Jagderlaubnisscheinen zählen bei der Berechnung der Höchstpachtfläche mit?
Ja/Nein

Mindestpachtdauer?
___ Jahre

Pächterhöchstzahl:
Bitte übertragen Sie die Regelungen Ihres Prüfungsbundeslandes in nebenstehenden Kasten. Siehe Tabelle auf S. 139.

Arten von Jagdgästen:

selbstständige: benötigen schriftliche Jagderlaubnis – Jagderlaubnisschein – dürfen allein jagen

- **unselbstständige:** mündliche Erlaubnis genügt – dürfen nur in Begleitung des JAB oder eines bestätigten Jagdaufsehers jagen (in erreichbarer Nähe: innerhalb der Reviergrenzen)

Jagderlaubnisscheine (werden umgangssprachlich auch als Begehungsscheine bezeichnet):

- **entgeltliche:** mit oder ohne zahlenmäßige Beschränkung, je nach LJG
- **unentgeltliche:** mit oder ohne zahlenmäßige Beschränkung, je nach LJG

Jagderlaubnisscheine können von Pächtern nur gemeinsam erteilt und nur gemeinsam widerrufen werden.

Bitte übertragen Sie die Regelungen Ihres Prüfungsbundeslandes in nebenstehenden Kasten. Siehe Tabelle auf S. 139.

Entgeltlicher Jagderlaubnisschein:
zahlenmäßige Beschränkung? Ja/Nein

Unentgeltlicher Jagderlaubnisschein:
zahlenmäßige Beschränkung? Ja/Nein

Bestätigter Jagdaufseher (Voraussetzung):

- fachliche Eignung: Jagdaufseherprüfung, Revierjägerprüfung oder forstliche Ausbildung
- Anstellungsvertrag (Jagdschutz muss komplett übertragen werden)
- Bestätigung durch UJB (Jagdschutzabzeichen, Dienstausweis)

Abschussplan

Für welche Wildarten gibt es Abschusspläne?

- Schalenwild (nach BJG) außer Schwarzwild, Auer- , Birk- und Rackelwild, Seehunde
- Rehwild für 3 Jahre (für Rehwild wurde der Abschussplan in einigen Bundesländern abgeschafft)
- sonstiges Wild für 1 Jahr

Erfüllungspflicht für alles Schalenwild

Bitte übertragen Sie die Regelungen (siehe S. 142) Ihres Prüfungsbundeslandes in nebenstehenden Kasten.

Abschussplan für Rehwild
□ besteht
□ besteht nicht

Abschusszielsetzung: Festlegung von Abschusszielen, meist innerhalb der forstlichen Verwaltung

Forstliches Gutachten: Aufnahme der forstlichen Situation vor Ort, mit Feststellung, ob forstliche Ziele gefährdet oder nicht gefährdet sind.

Waldbauliche Ziele: müssen erreicht werden ohne Schutzmaßnahmen des Forstbetriebes (Zäune usw.)

Kontrolle: Abschussliste ist fortlaufend zu führen (für alles Wild) und zu einem bestimmten Stichtag der UJB vorzulegen; zwischenzeitlich kann Einsichtnahme von der Behörde verlangt werden.
Grundlagen: Abschussergebnisse der letzen 5 Jahre

Abschussplanerstellung :

- Antrag des JAB mit Einverständnis des Verpächters
- Vorschlag Hegegemeinschaft (sofern gebildet)
- Genehmigung oder Festsetzung i. d. R. durch UJB + Kreisjagdbeirat (Einvernehmen)

Wildschaden – Jagdschaden – Ersatzverfahren

Wer kann Wildschaden verursachen?

Alles Wild

Welcher Wildschaden ist ersatzpflichtig?

Verursacht durch:

- Schalenwild
- Fasan
- Wildkaninchen

Verursacht an:

- Grundstücken
- damit fest verbundenen Einrichtungen
- an vom Grundstück bereits getrennten, aber noch nicht eingeernteten Erzeugnissen

Wer muss Wildschadensersatz leisten?

Genossenschaft muss ersetzen, wälzt dies aber i. d. R. auf Pächter ab

Bis zu welcher Höhe muss Wildschadensersatz geleistet werden?

In voller Höhe (Schadenshöhe zum Zeitpunkt der Ernte)

Wo bzw. wann muss kein Wildschadensersatz geleistet werden?

- Auf Grundstücken, auf denen die Jagd nicht ausgeübt werden darf
- Wenn Geschädigter Abwehrmaßnahmen des Ersatzpflichtigen zerstört hat
- Für nicht ortsüblich geschützte Sonderkulturen

Ortsübliche Schutzvorrichtungen:

Dies sind meist wilddichte Zäune mit einer vorgeschriebenen Höhe. Dabei gelten i. d. R. folgende Mindesthöhen:

- Rot- und Damwild: 1,8 m
- Muffelwild: 2,5 m
- Rehwild: 1,5 m
- Schwarzwild: 1,5 m und gegen Hochheben gesichert
- Wildkaninchen: 1,2 m, 0,3 m tief im Boden

Bitte übertragen Sie die Regelungen (siehe S. 142) Ihres Prüfungsbundeslandes in nebenstehenden Kasten.

Vorgeschriebene Zaunhöhen:
Rotwild
Damwild
Muffelwild
Rehwild
Schwarzwild
Wildkaninchen

Wild- und Jagdschadensersatzverfahren:

Meldung (landwirtschaftlicher Schaden):

- **innerhalb einer Woche** (in einigen Bundesländern 2 Wochen) nach Kenntnisnahme beim Bürgermeisteramt. (Versuch einer gütlichen Einigung soll vorausgehen, Forstschaden melden bis 1.5. bzw. 1.10.)
- Bürgermeisteramt beraumt Ortstermin an mit Geschädigtem und Ersatzpflichtigem. **Ziel: gütliche Einigung.** Auf Antrag ist ggf. ein Gutachter hinzuzuziehen (Vorverfahren).
- Bei Einigung fertigt Bürgermeister Niederschrift an (Rechtsfolge bei Nichtzahlung: Zwangsvollstreckung)
- Bei Nicht-Einigung: Wildschadensgutachter fertigt Gutachten an (geht an Bürgermeisteramt)

Bürgermeisteramt setzt Schaden (Gutachten) fest nach Art, Höhe und Umfang. Zahlungstermin in Form eines Vorbescheids. Gegen Vorbescheid können Beteiligte innerhalb einer Notfrist von 2 Wochen Klage beim Amtsgericht erheben (falls keiner klagt, ist Vorbescheid ein vollstreckbarer Titel).

Bitte übertragen Sie die Regelungen (siehe S. 142) Ihres Prüfungsbundeslandes in nebenstehenden Kasten.

Mein Prüfungsbundesland bitte eintragen

Meldung von Wildschaden (Feldschäden) an zuständige Stelle innerhalb:

1 Woche	Ja/Nein
2 Wochen	Ja/Nein

Meldung von forstwirtschaftlichen Schäden i. d. R. zum 1.5. (Winterschäden) und 1.10. (Sommerschäden) an die zuständige Stelle

Befriedete Bezirke – Jagd in Naturschutzgebieten

Befriedete Bezirke kraft Gesetzes sind:

In allen Bundesländern

- Gebäude, die zum Aufenthalt von Menschen dienen sowie Gebäude, die unmittelbar daran anschließen
- Hofräume, die damit zusammenhängen
- unmittelbar an Behausungen anstoßende, eingefriedete Hausgärten
- Friedhöfe

Je nach Landesrecht

- eingefriedete Campingplätze
- Kleingärten (Bundeskleingartengesetz)
- alle Grundflächen innerhalb der Orts-Bebauung
- Gehege (Schau-, Sondergehege usw.)

Kraft Verwaltungsakts (meist durch OJB) können Gebiete zu befriedeten Bezirken erklärt werden. Beispiele:

vollständig eingefriedete Grundflächen, die nicht bereits befriedete Bezirke sind, z. B.:

- öffentliche Anlagen
- vollständig eingefriedete Grundflächen ohne Einsprünge, der Zugänge abschließbar sind
- geschlossene Gewässer, Fischteiche, Fischzuchtanlagen (ggf. mit Inseln) im Sinn des Fischereirechts (= Gewässer, in denen die Fischwanderung unterbunden ist.)
- Sportplätze, Golfplätze
- Naturschutzgebiete usw.

Bitte übertragen Sie die Regelungen (siehe S. 146) Ihres Prüfungsbundeslandes in nebenstehenden Kasten.

Befriedete Bezirke kraft Gesetzes:

Befriedete Bezirke kraft Verwaltungsakts:

Aneignungsrecht in befriedeten Bezirken:

- kraft Gesetzes: Grundstückseigentümer
- Sonderregelungen für Friedhöfe beachten
- kraft Verwaltungsakts und Friedhöfe: JAB

Bitte übertragen Sie die Regelungen (siehe S. 146) Ihres Prüfungsbundeslandes in nebenstehenden Kasten.

Befugnisse der Eigentümer im befriedeten Bezirk:

- Füchse, Marder, Iltisse, Hermeline, Waschbären, Marderhunde, Minke, Nutrias und Wildkaninchen fangen, töten und sich aneignen.
- Setz- und Aufzuchtzeiten sind zu beachten.
- I. d. R. ist ein Nachweis des im Land vorgeschriebenen Fallenjagdlehrgangs erforderlich.

Bitte übertragen Sie die Regelungen (siehe S. 146) Ihres Prüfungsbundeslandes in nebenstehenden Kasten.

Raubwild fangen, töten und sich aneignen
Ja/Nein
Wildkaninchen töten und sich aneignen:
Ja/Nein
Fallenjagdlehrgang ist erforderlich:
Ja/Nein

Erlaubt werden können durch die UJB dem Eigentümer im befriedeten Bezirk ...

... weitere Jagdhandlungen und dabei auch Schusswaffengebrauch (zum Schusswaffengebrauch ist darüber hinaus eine Schießerlaubnis der Ortspolizeibehörde nötig).

Bitte übertragen Sie die Regelungen (siehe S. 146) Ihres Prüfungsbundeslandes in nebenstehenden Kasten.

Weitergehende Jagdhandlung können durch die Behörde gestattet werden?
Ja/Nein

Welche?

Beschränkungen der Jagd in Naturschutzgebieten:

- Jagd soll möglichst störungsarm erfolgen.
- Jagd darf dem Schutzzweck nicht zuwiderlaufen.
- Keine Anlage von Wildäsungsflächen (Veränderung)
- Rechtsvorschriften der entsprechenden Veröffentlichung im Gesetz- und Verordnungsblatt beachten, welche das Naturschutzgebiet rechtsverbindlich festgesetzt hat.
- Jagd kann beschränkt und/oder verboten werden.

Wildfolge

Was verstehen Sie unter „Wildfolge“?

Verfolgung von angeschossenem oder schwer krankem Wild über die Reviergrenze (bezieht sich auf alles Wild).
Unterscheidung nach:

- Schalenwild
- Nichtschalenwild = sonstiges Wild

Wildfolge nach BJG:

zulässig, wenn schriftlich vereinbart (Näheres regeln die Länder.)

Gesetzliche Wildfolge nach LJG:

Detaillierte Informationen finden Sie in der Tabelle auf S. 152.

- Grundsätzlich gilt die gesetzliche Wildfolge gemäß dem Landesjagdgesetz.
- Abweichende Vereinbarungen bedürfen der Schriftform.
- Abweichende Vereinbarungen dürfen nicht hinter der gesetzlichen Wildfolge zurückbleiben (Mindestinhalt).

Bitte übertragen Sie die Regelungen (siehe S. 152) Ihres Prüfungsbundeslandes in nebenstehenden Kasten.

Wildfolge in meinem Bundesland muss schriftlich vereinbart werden?
Ja/Nein

Aneignungsrecht für Wild bei der Wildfolge:
Siehe Tabelle auf S. 152.

- i. d. R. steht die Trophäe und das Wildbret dem Revierinhaber zu, wo das Stück angeschossen wurde, oder alternativ, wo es verendet.
- Länder können abweichende Bestimmungen erlassen.
- Durch schriftliche Wildfolgevereinbarung der Nachbarn können abweichende Regelungen grtoffen werden.

Bitte übertragen Sie die Regelungen (siehe S. 152) Ihres Prüfungsbundeslandes in nebenstehenden Kasten.

Wem gehört Wild/Wildbret?

Wem steht die Trophäe zu?

Auf wessen Abschussplan wird es ggf. angerechnet?

Auf welchen Abschussplan wird Wild, das auf der reviergreifenden Nachsuche gefunden wurde, angerechnet?

- Dort, wo es angeschossen wurde.
- Beim Nachbarn
- Teilweise besteht Wahlrecht, wenn eine schriftliche Wildfolgevereinbarung zwischen den Nachbarn getroffen wurde.

Gilt Wildfolge auch in befriedeten Bezirken?

Bei Gebäuden, Hofräumen, unmittelbar an Behausungen anstoßende eingefriedete Hausgärten und Tiergehegen nur mit Erlaubnis des unmittelbaren Besitzers (erteilt dieser die Erlaubnis nicht, so ist er selbst verpflichtet, dem Wild unnötige Schmerzen und Leiden zu ersparen).
Ausnahme: Friedhöfe; dort ist i. d. R. Wildfolge gestattet.

Bitte übertragen Sie die Regelungen (siehe S. 152) Ihres Prüfungsbundeslandes in nebenstehenden Kasten.

Wer ist aneignungsberechtigt bei Wildfolge in befriedete Bezirke?

- I. d. R. der **Nachsuchende**
- Sonst in anderen Ländern immer der **Grundeigentümer** als Inhaber des Jagdrechts
- Auf **Friedhöfen** ist der **Nachsuchende** (JAB) zur Aneignung berechtigt.
- Bei **abschussplanpflichtigem Wild** muss **Meldung** vom Eigentümer an JAB erfolgen.

Bitte übertragen Sie die Regelungen (siehe S. 152) Ihres Prüfungsbundeslandes in nebenstehenden Kasten.

Befriedeter Bezirk kraft Gesetzes: Darf der Nachsuchende JAB sich das nachgesuchte Wild aneignen?
Ja/Nein
Friedhof: Darf der Nachsuchende JAB sich das nachgesuchte Wild aneignen?
Ja/Nein

Örtliche, zeitliche und sachliche Verbote

Örtliche Verbote (BJG):

An allen Orten, an denen die Jagd nach den Umständen des Einzelfalls die öffentliche Ruhe (bes. Sonn- und Feiertagsruhe), Ordnung, Sicherheit oder Menschenleben gefährden kann, darf nicht gejagt werden. Die Entscheidung in der betreffenden Situation trifft der Jäger.

Zeitliche Verbote:

- Verbot der Jagd in Schonzeit
- Nachtjagdverbot (als Nachtzeit gilt die Zeit von 1,5 Stunden nach SU bis 1,5 Stunde vor SA)
- Verbot von Gesellschaftsjagden in Notzeiten
- Verbot der Treibjagd bei Mondschein

Nachtjagd erlaubt, laut BJG auf:

Schwarzwild, Haarraubwild, Kaninchen, Auer-, Birk- und Rackelwild, Waldschnepfen und Möwen. Die UJB kann für Rot- und Damwild Ausnahmen zulassen. Für die genannten Waldhühner erübrigt sich eine Überlegung, da diese in Deutschland keine Jagdzeit haben.

Bitte übertragen Sie die Regelungen (siehe S. 173) Ihres Prüfungsbundeslandes in nebenstehenden Kasten.

Welche Wildarten haben laut BJG keine Schonzeit?

Wildkaninchen und Schwarzwild (zur Aufzucht notwendige Elterntiere dürfen nicht erlegt werden)

Keine Jagdzeit haben z. B.:

Greife, Falken, Wildkatze, Luchs sowie **alle zur Aufzucht notwendigen Elterntiere**

Eine Auflistung der Jagdzeiten für alle Bundesländer finden Sie unter www.kosmos.de/jagdzeiten

Sie müssen nicht alle Jagdzeiten auswendig kennen. Die Jagdzeiten der gängigsten Wildarten in Ihrem Prüfungsbundesland sollten Sie jedoch wissen.

Schonzeitvergehen:

sind i. d. R. Ordnungswidrigkeiten. Ein Straftatbestand liegt jedoch vor, wenn ein zur Aufzucht notwendiges Elterntier oder ein Tier einer ganzjährig geschonten Art erlegt wird.

Erlegen in der Schonzeit zulässig:

1. krankgeschossenes und schwer krankes Wild
2. Wildkaninchen und Haarraubwild im befriedeten Bezirk
3. Schalenwild außer Schwarzwild in ordnungsgemäß eingezäunten Forstkulturen (Ländersache)
4. Notstand

Beispiel:

Am Abend des letzten Tages der Jagdzeit wurde ein Stück Schalenwild krankgeschossen. Am nächsten Tag ist Schonzeit. Die Nachsuche muss trotzdem durchgeführt werden und das kranke Wild dürfte, wenn notwendig, erlegt werden.

Sachliche Verbote:

sind ein Ausfluss aus den wichtigsten Grundsätzen der dt. Weidgerechtigkeit:
- dem Wild unnötige Qualen ersparen (Tierschutz bzw. Tierwohl)
- dem Wild eine Chance geben (Fairness)

Um unnötige Qualen zu ersparen, ist es verboten (Tierschutz) ...

- mit Schrot, Posten und gehacktem Blei, auch als Fangschuss, auf Schalenwild und Seehunde zu schießen (Ausnahmen nach LJG wegen konkurrierender Gesetzgebung möglich).
- Wild mit Bolzen und Pfeilen zu bejagen.
- Rehwild und Seehunde mit Büchsenpatronen zu erlegen, deren E_{100} weniger als 1.000 Joule beträgt (Flintenlaufgeschosse sind keine Büchsenpatronen, demnach erlaubt).
- sonstiges Schalenwild mit Büchsenpatronen
  - » unter 6,5 mm Geschossdurchmesser
  - » und E_{100} unter 2.000 Joule

  zu erlegen.
- Sonderregelung auf gestreifte Frischlinge in einigen Bundesländern möglich.
- ... auf Wild mit Kurzwaffen zu schießen, ausgenommen bei der Bau- und Fallenjagd und zum Fangschuss (Fangschuss auf Schalenwild nur erlaubt, wenn E_0 mindestens 200 Joule)

Verboten ist ferner die Jagd unter Verwendung von Sprengstoff, Strom, Schlingen, Gift usw. sowie die Hetzjagd auf Wild und Netzjagd auf Seehunde.

Ist der Fangschuss auf Schalenwild mit Schrot zulässig?

In einigen Bundesländern nach Landesrecht erlaubt.

Regelungen für die Fangjagd:
Detaillierte Informationen finden Sie in der Tabelle auf S. 160.

- Es ist verboten, Fallen zu verwenden, die nicht lebend unversehrt fangen oder sofort töten.
- Totschlagfallen sind in einigen Bundesländern verboten.
- Fangeisen sind unter besonderen Auflagen teilweise zugelassen.
- Es ist fast in allen Bundesländern verboten, die Fallenjagd ohne Nachweis eines entsprechenden Lehrgangs auszuüben.

Bitte übertragen Sie die Regelungen (siehe S. 160) Ihres Prüfungsbundeslandes in nebenstehenden Kasten.

Lebendfang erlaubt	Ja/Nein
Totfang erlaubt	Ja/Nein
Fangeisen erlaubt	Ja/Nein
Fallenlehrgang für Jäger vorgeschrieben	Ja/Nein

Um Wild eine Chance zu geben, ist es verboten ...

- ... die Jagd mit voll- und halbautomatischen Schusswaffen auszuüben, die mit mehr als 3 Patronen geladen sind (Magazinkapazität bis 10 Schuss erlaubt).

- ... die Jagd auf eine ausgesetzte Wildart vor Ablauf von 6 Monaten, in einigen Bundesländern 1 Jahr, auszuüben.
- ... Wild mit Lappen am Aufsuchen der Einstände zu hindern.
- ... die Lappjagd innerhalb einer Zone von 300 m von der Reviergrenze auszuüben.
- ... künstliche Lichtquellen (Taschenlampen, IR-Aufheller, Leuchttürme, Leuchtfeuer) beim Fangen und Erlegen zu verwenden oder zu nutzen. (Einsatz von Taschenlampen, die nicht fest mit der Waffe verbunden sind, ist tlw. erlaubt).

Bitte übertragen Sie die Regelungen Ihres Prüfungsbundeslandes in nebenstehenden Kasten.

Taschenlampen (IR-Aufheller), die nicht mit der Waffe fest verbunden sind: Erlaubt/Verboten

Was verstehen Sie unter „Dual-Use-Geräten"?

Als Dual-Use-Geräte bezeichnet man in Zusammenhang mit Restlichtverstärkern oder Wärmebildgeräten Geräte, die über keine Befestigungsmöglichkeit an der Waffe verfügen. Sie unterliegen nicht dem Waffenrecht, solange sie nicht an der Waffe (z. B. ZF) montiert sind. Wenn allerdings ein entsprechender Adapter (Befestigungsmöglichkeit) montiert ist, wird dies waffenrechtlich anders gesehen.

Was verstehen Sie unter „Nachtziel-Geräten"?

Sind nach dem Waffen- und Jagdrecht verboten. Sie beinhalten eine Zielvorrichtung und eine Befestigungsvorrichtung, um sie auf der Waffe zu befestigen.

Vorsatz- bzw. Aufsatzgeräte (Vorsatzgeräte sind am Objektiv befestigt, Aufsatzgeräte werden am Okular befestigt):

- Sowohl Restlichtverstärker als auch Wärmebildgeräte dürfen seit Februar 2020 von Jägern zur Jagd auf einige Wildarten verwendet werden (WaffG).
- Wenn diese Geräte einen **eingebauten Infrarotaufheller** besitzen, sind diese Geräte ohne waffenrechtliche Sondergenehmigung nicht erlaubt, da diese als künstliche Lichtquelle gelten.
- Das jagdrechtliche Verbot wurde auf Schwarzwild (tlw. Raubwild) aufgehoben. Einsatz erlaubt in (Stand Mai 2024): BW, BY, BE, BB, HB (Sonderregelung), HE, MV, NI, NW, RP, SL, SN, ST, SH, TH.
- Aufbewahrung mit montierter Befestigung in einem Waffenschrank Typ 0 oder I. Ohne Befestigung unterliegen die Geräte nicht dem WaffG.

Weiterhin ist verboten ...

- ... in Notzeiten Schalwild im **Umkreis** von **200 m** von Fütterungen zu erlegen.
- ... Wild **aus** Kraftfahrzeugen, Luftfahrzeugen oder maschinengetriebenen Wasserfahrzeugen zu erlegen. Ausgenommen sind Personen, denen die Jagdbehörde eine Sondererlaubnis wegen z. B. körperlicher Behinderung ereilt hat.
- ... Schwarzwild an Ablenkfütterungen zu erlegen.
- ... die Brackenjagd auf Flächen unter 1.000 ha.

Inzwischen bundesweit erlaubt ist ...

... es, die Jagd mit Schusswaffen (Zentralfeuerzündung) mit Schalldämpfern auszuüben. Zum Erwerb dieser Schalldämpfer dient der JJS, danach ist innerhalb von 2 Wochen das Gerät in die WBK einzutragen. **Verboten bzw. genehmigungspflichtig** sind Schalldämpfer für Schusswaffen mit **Randfeuerzündung** bzw. **Kurzwaffen**, also Pistolen und Revolver.

Welche Einschränkungen gibt es bei Bleischroten?

Die Verwendung von Bleischroten bei der Jagd auf Wasserfederwild an oder über Gewässern ist verboten. Verboten ist nach EU-Recht in allen Mitgliedstaaten seit Februar 2023 in Feuchtgebieten und im Umkreis von

100 Metern bleihaltige Schrotmunition (über 1 % Bleianteil) zu verwenden oder **mitzuführen.**

Ein generelles Nutzungsverbot von Bleischroten gilt in?

Ist derzeit auf Nutzwild generell verboten nur in SN.

Bitte übertragen Sie die Regelungen (siehe S. 173) Ihres Prüfungsbundeslandes in nebenstehenden Kasten.

Bleischrote auf Hasen sind erlaubt Ja/Nein

Bleihaltige Büchsengeschosse und Flintenlaufgeschosse sind verboten in:
Bitte übertragen Sie die Regelungen (siehe S. 173) Ihres Prüfungsbundeslandes in nebenstehenden Kasten.

- BW (Schalenwild), BB, HB, NI ab 2025, NW, SL, SH
- in Landesforsten BW, BE, BR, HE, MV, NI, NW, RP, SL, SH und in allen Bundesforsten

Bleihaltige Büchsen- und Flintenlaufgeschosse sind in Privatrevieren: Verboten/Erlaubt

Jagdhunde – Jagdeinrichtungen – Halten von Greifen und Falken – Wildfütterung – Wildseuchen – Wildbrethygiene – Jägernotweg

Brauchbare Jagdhunde müssen mitgeführt werden …

… in genügender Zahl bei jeder Such-, Drück- und Treibjagd sowie jeder Jagd auf Federwild (Wasserwild). Bei allen anderen Gelegenheiten muss ein brauchbarer Jagdhund für Nachsuchen zur Verfügung stehen (muss, je nach Landesrecht, nicht mitgeführt werden).

Brauchbare Jagdhunde müssen zur Nachsuche zur Verfügung stehen:

bei jeder Jagdausübung

Zur Nachsuche dürfen verwandt werden:

nur brauchbare Jagdhunde (geprüft)

Brauchbarkeit von Jagdhunden:

- Bestätigung durch beauftrage Stelle (oft Kreisgruppe eines LJV)
- Voraussetzung ist das Bestehen der Brauchbarkeitsprüfung oder VGP, VP, GP, VPS oder HZP mit zusätzlichem Schweißnachweis und Nachweis des Gehorsams
- ferner geprüfte Schweißhunde (Vorprüfung, Hauptprüfung)
- geprüfte Stöberhunde
- Näheres ist in der Prüfungsordnung der verschiedenen Länder nachzulesen.

Zu den Jagdeinrichtungen gehören z. B.:

- Ansitzeinrichtungen
- Jagdschirme
- Salzlecken
- Fütterungsanlagen
- Wildäcker
- Jagdhütten
- Betreten bzw. Benutzen nur mit Erlaubnis des Eigentümers bzw. des JAB

Bei Hochsitzbau ist unter anderem zu beachten:

- **UVV (VSG)** der landwirtschaftlichen Berufsgenossenschaft
- **Landschaftsbild** (angepasst)
- nicht über das für die Jagd notwendige **Maß** hinaus (Bodenhöhe i. d. R. 4 m)
- **Sprossenabstand (Leiter): 28 cm**
- **geneigte Leiter mit 70 Grad**
- **gesundes, entrindetes Holz (meist Fichtenstangen)**
- fest mit dem Boden verbundene Hochsitze nur mit Genehmigung des Grundeigentümers

Wildfütterung (generell):

ist in der Regel verboten; Wild muss Wild bleiben (kein „Wildstall“); würde den jagdrechtlichen Vorstellungen der Hege zuwiderlaufen; ist nur in Notzeiten notwendig; bedarf i. d. R. der Erlaubnis einer Behörde

Schalenwildfütterung:
(siehe Tabelle auf S. 166)

- **Fütterung** nur in Notzeiten mit Erlaubnis oder auf Anordnung der UJB (KJM)
- **Ablenkungsfütterung** nur mit Erlaubnis der UJB
- **Kirrungen** für Schalenwild nur nach gesetzlichen Vorgaben erlaubt

Ablenkungsfütterungen:

sind erlaubnispflichtig

Bitte übertragen Sie die Regelungen Ihres Prüfungsbundeslandes in nebenstehenden Kasten. Siehe Tabelle auf S. 166.

Schalenwildfütterung generell erlaubt?
Ja/Nein
Fütterung von Rebhühnern und Fasanen generell erlaubt?
Ja/Nein
Entenfütterung generell, auch am Wasser, erlaubt?
Ja/Nein

Was verstehen Sie unter „Kirrung"?
Bitte übertragen Sie die Regelungen Ihres Prüfungsbundeslandes in nebenstehenden Kasten. Siehe Tabelle auf S. 166.

Eine Kirrung dient zum Anlocken von Wild, um es zu erlegen. Sie darf keine Fütterung darstellen. Länderregelungen beachten!

Wildfütterung von Nichtschalenwild ist erlaubt ...
(siehe Tabelle auf Seite 166)

... für Hasen, Fasanen, Rebhühner und Enten.

Fasanen, Rebhühner und Hasen dürfen gefüttert werden ohne Erlaubnis der Behörde?
Ja/Nein

Darf an oder im Gewässer gefüttert werden?
Bitte übertragen Sie die Regelungen Ihres Prüfungsbundeslandes in nebenstehenden Kasten.

Ja, es gibt Bundesländer, in denen die Fütterung an und in Gewässern erlaubt ist.

Fütterung am/in Gewässer
erlaubt/nicht erlaubt

Welche Futtermittel dürfen Sie nutzen, um Wild zu füttern?

- I. d. R. heimisches Getreide und heimische Feldfrüchte in unbearbeitetem Zustand
- I. d. R. **nicht** erlaubt sind Futtermittel mit enthaltenen Proteinen, tierischen (pflanzlichen) Fetten, Palmfett usw.
- Ebenso hergestellte Fertigfuttermischungen (Presslinge, Pellets) sind ebenfalls i. d. R. verboten.

Gelten Wildäsungsflächen als Fütterungen?

Nein

Wildseuchen/Tierseuchen:

- Bei Tierseuchen muss Tiergesundheitsgesetz beachtet werden.
- Wildseuchen sind Wildkrankheiten, wenn sie seuchenartig verlaufen. Beispiele:
  - » Tollwut
  - » Schweinepest

» Geflügelpest
» Aujeszkysche Krankheit (Pseudowut)
» MKS (Maul- und Klauenseuche)
» Blauzungenkrankheit

Was verstehen Sie unter „Tiere“?

Es sind Lebewesen, die zwischen Mensch und Pflanze stehen.

Anzeigepflicht (Meldepflicht) bei Wildseuchen:

- Anzeigepflicht des JAB an UJB bei Verdacht
- Meldepflicht bei Diagnose vom Amtstierarzt an die vom Gesetzgeber bestimmte Stelle

Tollwutbezirk (Größe):

Mindestens 5.000 km² bzw. 40 km Radius

Hunde und Katzen im Tollwutbezirk ...

... dürfen nicht frei laufen, außer die Katze/der Hund ist wirksam geimpft, wird begleitet und gehorcht zuverlässig.

Tollwutverdächtigem Wild

muss sofort nachgestellt werden. Es muss erlegt und unschädlich beseitigt werden.

Von der Beseitigung ist ausgenommen:

Untersuchungsmaterial (wenn in noch untersuchbarem Zustand). Bis Fuchsgröße: ganzes Tier, bei größeren Tieren: nur der Kopf

Was ist unter „unschädlicher Beseitigung“ zu verstehen?

Abgabe an Tierkörperverwertungseinrichtung oder vergraben (auf eigene Verantwortung) – mindestens 0,5 m tief, nicht in Wasserschutzgebieten und nicht in der Nähe von öffentlichen Wegen und Plätzen

Kennzeichnung von Hunden:

Halsung und Anschrift oder Steuermarke, außer Jagdhunde bei jagdlicher Verwendung (Chip) sowie einer signalfarbenen Schutzdecke mit gut leserlich angebrachter Telefonnummer

Alle Jäger Europas gelten als Lebensmittelproduzenten und müssen daher die entsprechenden gesetzlichen Vorschriften beachten (siehe Kapitel 3).

Pflicht zur amtlichen Fleischuntersuchung besteht:

- bei Abgabe an einen Wildbearbeitungsbetrieb (Beschau durch kundige Person, Bearbeitungsbetrieb veranlasst Untersuchung)
- bei Vorliegen von bedenklichen Merkmalen

Wer ist in diesem Sinne eine kundige bzw. geschulte Person?

Wer **nach dem 1.2.1987** die Jägerprüfung im Bereich des Bundesjagdgesetzes abgelegt hat oder dies durch entsprechende Schulungen belegen kann, gilt als **geschulte Person**. Wer **nach dem 9.8.2007** die Jägerprüfung abgelegt hat, gilt als **kundige Person**.

Pflicht zur Trichinenuntersuchung besteht ...

... bei allen Fleisch- bzw. Allesfressern **immer, wenn sie zum menschlichen Verzehr vorgesehen sind** (Probenentnahme durch eigens geschulte Jäger im „eigenen“ Revier möglich).

Was verstehen Sie unter Jägernotweg?

Ein nicht zum allgemeinen Gebrauch bestimmter schriftlich festgelegter Weg (Pfad o. Ä.), den ein Jagdausübender im fremden Jagdbezirk beschreiten (befahren, benutzen) darf, um seinen eigenen Jagdbezirk zu erreichen – gilt auch für Jagdgäste.

Anspruch auf ein Notwegerecht besteht ...

... wenn kein zum allgemeinen Gebrauch bestimmter Weg vorhanden ist, oder die vorhandenen Wege unzumutbar sind.

Vereinbarung des Jägernotwegs:

mit Grundstückseigentümern, notfalls kann die UJB ihn auch festlegen (Schriftform).

Was muss bei Nutzung des Jägernotwegs beachtet werden?

- Schusswaffen entladen
- Langwaffen zusätzlich geöffnet oder verpackt
- Hunde an der Leine
- Beizvogel an der Langfessel

Jagdwilderei – Notwehr – Notstand – Jedermann-Recht

Jagdwilderei (§ 292 StGB) liegt vor, wenn jemand ...

- ... vorsätzlich fremdes Jagdrecht oder fremdes Jagdausübungsrecht verletzt, indem er
  - » dem Wild nachstellt, es fängt, erlegt oder sich oder einem Dritten zueignet oder
  - » eine Sache, die dem Jagdrecht unterliegt, sich oder einem Dritten zueignet, beschädigt oder zerstört.
- ... Sachen, die dem Jagdrecht unterliegen (Abwurfstangen, Eier von Federwild, Teile von Wild, Fallwild, verendetes Wild) sich oder einem Dritten zueignet beschädigt oder zerstört.

Voraussetzung für Bestrafung bei Wilderei:

- **Vorsatz** (wissentlich) oder zumindest bedingter Vorsatz (billigend in Kauf nehmend)

Notwehr ist ...

... diejenige Verteidigung, die erforderlich ist, um einen gegenwärtigen, rechtswidrigen Angriff von sich oder einem anderen (Nothilfe) abzuwehren.

Angriff muss ausgehen von

einer Person (nur Personen können rechtswidrig handeln).

Angriff muss gegenwärtig sein,

d. h., er darf nicht bereits beendet sein (muss noch andauern oder unmittelbar bevorstehen).

Er muss gerichtet sein gegen ein

beliebiges Rechtsgut (z. B. Leben, Unversehrtheit, Freiheit, Eigentum, Ehre, Jagdausübungsrecht).

Bei Notwehr ist zu beachten:

der Grundsatz der **Verhältnismäßigkeit der Mittel**

Was verstehen Sie unter „Notwehrexzess“?

Überschreitung des Grundsatzes der Verhältnismäßigkeit der Mittel (strafbar, es sei denn die Überschreitung erfolgte in Furcht oder Schrecken)

Was verstehen Sie unter „Putativnotwehr“?

Eine vermeintliche Notwehrsituation (es fehlt der Angriff)

Was verstehen Sie unter „Notstand“?

Eine notwehrähnliche Situation, bei der die Bedrohung nicht von einer Person ausgeht, sondern von einem Umstand oder einer Sache (z. B. Gefahrensituation)

Eine Notstandshandlung ist gerechtfertigt (rechtfertigender Notstand),

wenn der Grundsatz der **Güterabwägung beachtet wurde.**

Was verstehen Sie unter „Güterabwägung“?

Ein fremdes Rechtsgut darf verletzt werden, wenn dadurch ein weitaus höherwertiges Rechtsgut geschützt wird.

Eine Notstandshandlung ist entschuldbar (entschuldigender Notstand),

wenn ohne Beachtung des Grundsatzes der Güterabwägung eines der höchsten Rechtsgüter (Leben, körperliche Unversehrtheit und Freiheit) verteidigt wird, jedoch nur, wenn es sich um ein eigenes Rechtsgut handelt oder das von Verwandten oder Nahestehenden (in diesem Fall kann ungestraft ein gleichwertiges Rechtsgut verletzt werden).

Notwehr und Notstand sind geregelt:

- im StGB
  (beseitigt Rechtswidrigkeit oder Schuld
  »keine Bestrafung; strafrechtliche Seite)
- im BGB (i. d. R. kein Schadensersatz); zivilrechtliche Seite

Was verstehen Sie unter Jedermann-Recht?

Recht zur **vorläufigen Festnahme** (§ 127 StPO)

Welche Voraussetzungen bestehen für eine vorläufige Festnahme?

Wenn jemand auf **frischer Straftat** angetroffen oder verfolgt wird (oder bei Fluchtverdacht) und seine Identität nicht sofort festgestellt werden kann.

Die vorläufige Festnahme dient zur

Identitätsfeststellung durch die Polizei.

Die vorläufige Festnahme erfolgt,

indem man dem Täter mitteilt, dass er festgenommen ist, und warum.

Beim Überführen zur Polizei oder Festhalten dürfen angewandt werden:

einfache körperliche Gewalt und einfache Hilfsmittel

Jagdschutz – Tierschutz – Versicherungen

Jagdschutz ist:

Der Schutz des Wildes vor:
- Wilderern (im BJG so beschrieben; viele Länder haben diesen Passus ersatzlos gestrichen)
- Futternot und Wildseuchen
- wildernden Hunden und wildernden Katzen

Die Sorge um die Einhaltung jagd- und tierschutzrechtlicher Vorschriften.

Bitte übertragen Sie die zusätzlichen Inhalte Jagdschutzes (siehe S. 170) Ihres Prüfungsbundeslandes in nebenstehenden Kasten.

Jagdschutzberechtigt sind:

- JAB (Jagdausübungsberechtigter)
- Bestätigte Jagdaufseher (JAS)-in BW Wildtierschützer
- Polizei
- Jagdbehörden (in gewissem Umfang)

Besondere Befugnisse der Jagdschutzberechtigten gegen Personen (die über die Befugnisse nach §127 StPO hinausgehen):

Bitte übertragen Sie die Regelungen Ihres Prüfungsbundeslandes (siehe S. 170) in nebenstehenden Kasten.

- Recht Personalien festzustellen
- Abnahmerecht von beispielsweise Wild, Teilen von Wild, Waffen, Fanggeräten, Hunden

Vorgenanntes gilt jedoch nur bei:

- Wilderern
- Personen, die gegen jagdrechtliche Vorschriften verstoßen (örtl., zeitl., sachl. Verbote)

Sonstige Rechte der Jagdschutzberechtigten (BJG):

Bitte übertragen Sie die Regelungen Ihres Prüfungsbundeslandes (siehe S. 170) in nebenstehenden Kasten.

- **Töten** von **wildernden Katzen**, die sich mindestens 300 m vom nächsten bewohnten Haus befinden.
- **Töten** von **streunenden Katzen**, die sich mindestens 300 m vom nächsten bewohnten Haus befinden.
- **Töten** von **wildernden Hunden**, wenn sie außerhalb der Einwirkung der Begleitperson mindestens dem Wild nachstellen (suchen, stöbern), also wildern.

Das Töten von wildernden Katzen durch den Jagdschutzberechtigten ist grundsätzlich erlaubt?
Ja/Nein
Das Töten von streunenden Katzen (s. o.) durch den Jagdschutzberechtigten ist grundsätzlich erlaubt?
Ja/Nein
Das Töten von wildernden Hunden durch den Jagdschutzberechtigten ist grundsätzlich erlaubt?
Ja/Nein

Privilegierte Hunde (vom Tötungsrecht im Rahmen des Jagdschutzes ausgenommen):

- Jagdhunde
- Polizeihunde, Rettungshunde, Suchhunde
- Hirtenhunde, sonstige Diensthunde
- Blindenhunde

Soweit sie als solche erkennbar sind und sich nur vorübergehend beim Dienstgebrauch der Einwirkung der Begleitperson entzogen haben.

Was darf der Jagdgast im Rahmen des Jagdschutzes?

Bitte übertragen Sie die Regelungen Ihres Prüfungsbundeslandes (siehe S. 170) in nebenstehenden Kasten.

Ihm kann das Recht zum Töten von wildernden Hunden und wildernden Katzen schriftlich übertragen werden (mündlich genügt nur im Beisein des JAB).

Hat der Jagdgast Befugnisse im Sinne des Jagdschutzes?
Ja/Nein
Kann ihm das Töten von wildernden Hunden und Katzen schriftlich übertragen werden?
Ja/Nein

Grundsatz des Tierschutzgesetzes:	Niemand darf einem Tier ohne vernünftigen Grund Schmerzen, Leiden oder Schäden zufügen.
Töten von Wirbeltieren:	• **nur mit vernünftigem Grund zulässig** • nur unter Betäubung oder sonst unter Vermeidung von Schmerzen • nur mit den notwendigen Kenntnissen und Fähigkeiten • Jagd ist Lebensmittelproduktion und ein vernünftiger Grund
Kupieren von Hunden:	• nur durch Tierarzt • nur unter Betäubung • nur bei jagdlich zu führenden Hunden
Pflichtversicherungen bei der Jagd:	**Jagdhaftpflichtversicherung:** • mindestens **500.000 €** Personenschäden, **50.000 €** Sachschäden • Fremdschäden im Zusammenhang mit der Jagd (Körper- u. Sachschäden) • auch Schäden durch Hunde und Beizvögel Diese Versicherungssummen sind zu niedrig. Bei der nächsten Jagdrechtsreform sollten die Versicherungssummen erhöht werden. Die Versicherer bieten heute i. d. R. eine Versicherungssumme von 5 Mio. Euro für Personen und Sachschäden an. Dieses Angebot sollte von jedem Jäger genutzt werden.
Gesetzliche Unfallversicherung bei der Landwirtschaftlichen Berufsgenossenschaft:	• nur Revierinhaber (Unternehmer, automatisch Zwangsmitglied) • Eigenschäden, nur Körperschäden (des Unternehmers und seiner Familie) • auch die Unfallschäden, die Helfer und Angestellte erleiden (jagender Gast nicht)

Definitionen, die auswendig gelernt werden müssen!

Anmerkung: Diese Definitionen sind zum Teil etwas vereinfacht, aber dafür lernbar gefasst worden. Für eine juristische Auslegung bitten wir Sie, die entsprechenden Gesetzestexte zurate zu ziehen. Vom Grundsatz her sind die Ausführungen jedoch gesetzeskonform.

Jagdrecht:	Befugnis, auf einem bestimmten Gebiet Wild zu **hegen**, auf Wild die **Jagd auszuüben** und sich Wild **anzueignen**. Mit dem Jagdrecht ist die Pflicht zur Hege verbunden. Das Jagdrecht steht dem Eigentümer auf seinem Grund und Boden zu. Es ist untrennbar damit verbunden und kann als selbstständiges, dingliches Recht nicht begründet werden.
Wild:	wild lebende **Tiere, die dem Jagdrecht unterliegen** (in BJG und LJG aufgelistet, nach BGB herrenlos)
Ziel der Hege:	• angepasster, artenreicher, gesunder Wildbestand (Biodiversität) • Sicherung seiner Lebensgrundlagen unter Vermeidung von Wildschäden
Jagdausübung:	Aufsuchen, Nachstellen (Jagdart), Fangen und Erlegen von Wild
Grundsätze der Weidgerechtigkeit:	• **unnötige Qualen ersparen** • **Chance geben** • Wild als Mitgeschöpf achten • anständiges Verhalten der Jägerschaft untereinander und nach außen
Eigenjagdbezirk (BJG):	mindestens 75 ha zusammenhängende bejagbare Grundfläche im Eigentum einer Person oder einer Personengemeinschaft

Bitte notieren Sie in nebenstehendem Kasten die Mindestgröße eines Eigenjagdbezirks in ihrem Prüfungsbundesland. Siehe Tabelle S. 139.

EJ:

Gemeinschaftlicher Jagdbezirk (BJG):
Bitte notieren Sie in nebenstehendem Kasten die Mindestgröße eines gemeinschaftlichen Jagdbezirks in ihrem Prüfungsbundesland. Siehe Tabelle S. 139.

alle Grundflächen einer Gemeinde außer Eigenjagdbezirke (Mindestgröße: 150 ha)

GJ:

Jagdgenossenschaft:

Eigentümer bejagbarer Grundflächen eines gemeinschaftlichen Jagdbezirks

Jagdgäste:

- selbstständige dürfen allein jagen, benötigen Jagderlaubnisschein
- unselbstständige dürfen nur in Begleitung des JAB oder bestätigten Jagdaufsehers jagen, benötigen nur eine mündliche Jagderlaubnis

Ersatzpflichtiger Wildschaden:

Schaden durch Schalenwild, Fasan, Wildkaninchen an Grundstücken, den damit fest verbundenen Einrichtungen und getrennten, aber noch nicht eingeernteten Erzeugnissen

Jagdschaden:

durch Jagdausübende missbräuchlich an Grundstücken angerichtete Schäden

Befriedete Bezirke:

- kraft Gesetzes: Gebäude, die zum Aufenthalt von Menschen dienen, Hofräume, unmittelbar an Behausungen anstoßende eingefriedete Hausgärten, eingefriedete Campingplätze, Kleingärten i. S. des Bundeskleingartengesetzes, alle Grundflächen innerhalb der Ortsbebauung, Gehege und Friedhöfe.
- können kraft Verwaltungsakts erklärt werden: vollständig eingefriedete Grundflächen, sofern sie nicht bereits befriedete Bezirke sind, öffentliche Anlagen, Fischteiche und Fischzuchtanlagen – ggf. mit Inseln, Sportplätze und Golfplätze.

Bitte listen Sie in nebenstehendem Kasten Befriedete Bezirke auf, die kraft Gesetzes bestehen (1) und die kraft Verwaltungsakts (2) in Ihrem Prüfungsbundesland ausgewiesen werden können. Siehe Tabelle auf S. 146.

Befriedete Bezirke, bitte aufzählen:
1. kraft Gesetzes

2. kraft Verwaltungsaktes

Was verstehen Sie unter Wildfolge?

Verfolgung angeschossenen oder schwer kranken Wilds über die Reviergrenze gemäß LJG (nach BJG nur zulässig, aufgrund einer schriftlichen Vereinbarung).

Was verstehen Sie unter „Nachtzeit" in Bezug auf Wild (Jagdrecht)?

Zeit **von 1,5** Stunden **nach Sonnenuntergang bis 1,5** Stunden **vor Sonnenaufgang**

Brauchbare Jagdhunde ...

... müssen mitgeführt werden bei Such-, Drück- u. Treibjagd sowie jeder Jagd auf Federwild, Wasserwild und zur Nachsuche verwendet werden.

Örtliche Verbote:

Die Ausübung der Jagd ist verboten an allen Orten, an denen nach den Umständen des Einzelfalls die öffentliche R**uhe, Ordnung, Sicherheit** oder **Menschenleben** in Gefahr sind.

Was verstehen Sie unter Jedermann-Recht?

Nach StPO ist jedermann befugt, einen **Straftäter,** der **auf frischer Tat** angetroffen wird, vorläufig festzunehmen, **sofern die Personalien nicht sofort feststellbar sind** (verbal: Mitteilung, dass und warum er festgenommen wird).

Jagdwilderei ...

... begeht nach StGB, wer **vorsätzlich unter Verletzung fremden Jagdrechts oder Jagdausübungsrechts** dem Wild **nachstellt, es fängt, erlegt** oder sich oder einem Dritten zueignet, oder wer Sachen, die dem Jagdrecht unterliegen, beschädigt, zerstört oder sich oder einem Dritten zueignet.

Was verstehen Sie unter Notwehr?

Diejenige **Verteidigung**, die erforderlich ist, einen **gegenwärtigen, rechtswidrigen Angriff** von sich oder einem anderen (Nothilfe) **abzuwehren (Angriff von Person gegen Rechtsgut) – Grundsatz der Verhältnismäßigkeit der Mittel.**

Was verstehen Sie unter Notstand?

Wie Notwehr, aber Bedrohung durch Umstand oder Sache (keiner Person) – Grundsatz der Güterabwägung

Jagdschutz:

Schutz des Wildes vor Wilderern, Futternot und Wildseuchen, wildernden Hunden und wildernden bzw. streunenden Katzen, sowie die Sorge um die Einhaltung der zum Schutze des Wildes und der Jagd erlassenen Vorschriften sowie der tierschutzrechtlichen Vorschriften

Jagdschutzberechtigte Personen:

JAB, best. Jagdaufseher, Forstbeamte im Revierdienst, Polizeivollzugsbeamte

Besondere Befugnisse der Jagdschutzberechtigten:

Personalienfeststellung/ Abnahmerecht – nur bei Wilderern und Verstößen gegen jagdrechtliche Vorschriften

Dürfen wildernde Hunde in Ihrem Prüfungsbundesland im Rahmen des Jagdschutzes getötet werden?	Dürfen getötet werden Ja/Nein
Dürfen wildernde Katzen in Ihrem Prüfungsbundesland im Rahmen des Jagdschutzes getötet werden?	Dürfen getötet werden Ja/Nein
Dürfen streunende Katzen in Ihrem Prüfungsbundesland im Rahmen des Jagdschutzes getötet werden?	Dürfen getötet werden Ja/Nein

Definitionen/Inhalte aus dem Waffenrecht (auswendig lernen)

Schusswaffen:
Gegenstände, die zum Angriff oder zur Verteidigung, zur Signalgebung, zur Jagd, zur Distanzinjektion, zur Markierung, zum Sport oder zum Spiel bestimmt sind, und bei denen Geschosse durch einen Lauf getrieben werden.

Feuerwaffen:
Schusswaffen, bei denen zum Antrieb der Geschosse **heiße Gase** verwendet werden.

Schusswaffen gleichgestellte Gegenstände (Beispiele):
- wesentliche Teile von Schusswaffen
- Armbrust
- Schalldämpfer
- tragbare Gegenstände zum Abschießen von Munition

Wesentliche Teile einer Schusswaffe:
- **Lauf und Verschluss**
- Patronenlager, soweit nicht bereits Bestandteil des Laufes
- (Trommel bei Revolver) sowie bei Kurzwaffen das Griffstück

Munition:
zum Verschießen aus Schusswaffen bestimmte
- **Patronenmunition** (Hülse, Ladung, Geschoss)
- **Kartuschenmunition** (Hülse, Ladung ohne Geschoss)
- hülsenlose Munition sowie pyrotechnische Munition (mit Licht-, Schall- oder Raucheffekt ohne Durchschlagskraft)

Geschosse:
für Schusswaffen bestimmte feste Körper oder gasförmige, flüssige feste Stoffe in Umhüllungen

Dauerhaft unbrauchbar gemacht ist eine Schusswaffe, wenn ...
... mit allgemein gebräuchlichen Werkzeugen die Schussfähigkeit der Waffe oder der wesentlichen Teile nicht mehr hergestellt werden kann.

Es erwirbt eine Schusswaffe,
wer die tatsächliche Gewalt darüber erlangt (Regelerlaubnis WBK).

Es besitzt eine Schusswaffe,
wer die tatsächliche Gewalt darüber ausübt.

Es überlässt eine Schusswaffe,
wer die **die tatsächliche Gewalt** einem anderen **einräumt**.

Es führt eine Schusswaffe,
wer die tatsächliche Gewalt ausübt, außerhalb der eigenen Wohnung, der eigenen Geschäftsräume oder des eigenen eingefriedeten Besitztums (Regelerlaubnis Waffenschein).

Der Jäger erwirbt eine für die Jagd zugelassene Langwaffe:	unter Vorlage des gültigen Jahresjagdscheins. Der Erwerb muss innerhalb 2 Wochen angezeigt und die Waffe in die WBK eingetragen werden.
Der Jäger erwirbt eine Kurzwaffe:	unter Vorlage einer WBK mit Voreintrag (Art, Kaliber-1 Jahr gültig). Der Erwerb muss innerhalb 2 Wochen angezeigt und die Waffe in die WBK eingetragen werden.
Der komplette WBK-Eintrag besteht aus:	• Art • Kaliber • Hersteller • Modell • Waffennummer • Überlasser • Überlassungsdatum • Dienstsiegel
Der Jäger erwirbt Langwaffenmunition:	unter Vorlage des gültigen Jagdscheines (ganze Verpackungseinheiten)
Der Jäger erwirbt Kurzwaffenmunition:	unter Vorlage einer WBK mit einem entsprechenden Vermerk
Zum vorübergehenden Erwerb von Waffen und Munition durch Jäger (bis zu einem Monat)	müssen diese im Falle von Kurzwaffen im Besitz irgendeiner WBK sein, im Falle von Langwaffen genügt der Besitz eines Jagdscheines. Eintrag, Austrag oder Anzeige sind nicht erforderlich, lediglich ein Überlassungsschein ist gefordert.
Der Jäger darf Schusswaffen geladen und zugriffsbereit führen:	bei der **befugten Jagdausübung,** beim **Ein- und Anschießen, bei der Hundeausbildung und zum Jagdschutz**. Weiterhin darf er Schusswaffen entladen und zugriffsbereit führen auf dem **Hin und Rückweg** zu den genannten Tätigkeiten. Schließlich darf er wie jeder Waffenbesitzer Schusswaffen entladen und nicht zugriffsbereit (in einem abgeschlossenen Behältnis) führen auf dem Weg z. B. zum Büchsenmacher oder Schießstand.
Der Jäger darf schießen ohne Schießerlaubnis:	bei der befugten Jagdausübung, beim An- und Einschießen, bei der Hundeausbildung und beim Jagdschutz und (wie jedermann) im Falle von Notwehr und Notstand.
Zu den verbotenen Gegenständen nach Waffengesetz zählen (Beispiele):	• vollautomatische Schusswaffen • Schusswaffen, die einen anderen Gegenstand vortäuschen • Vorderschaftrepetierflinten, bei denen der Hinterschaft durch einen Pistolengriff ersetzt wurde, oder deren Gesamtlänge weniger als 95 cm oder deren Lauflänge weniger als 45 cm beträgt • für Schusswaffen bestimmte Zielscheinwerfer, Nachtzielgeräte etc. • Stahlruten, Totschläger, Schlagringe, Würgehölzer, Butterflymesser • Faustmesser, Spring- und Fallmesser (mit Ausnahmen) • Patronenmunition mit Treibspiegelgeschossen zum Verschießen aus gezogenen Läufen • Patronenmunition mit Geschossen, die Leuchtspur-, Brand- oder Sprengsätze oder einen Hartkern enthalten
Die Registrierung von Schusswaffen etc. erfolgt im:	NWR: Nationalen Waffen Register
Jeder legale Waffenbesitzer:	erhält eine Personen-ID.
Jede registrierte Schusswaffe:	erhält eine Waffen-ID, nicht identisch mit der Waffen(herstellungs)nummer.

Anhang

Abkürzungsverzeichnis

BB	Brandenburg	MV	Mecklenburg-Vorpommern
BE	Berlin	NI	Niedersachesen
BGB	Bürgerliches Gesetzbuch	NWR	Nationales Waffenrecht
BJG	Bundesjagdgesetz	NW	Nordrhein-Westfalen
BP	Brauchbarkeitsprüfung	OJB	Obere Jagdbehörde, Oberste Jagdbehörde
BW	Baden-Württemberg	RP	Rheinland-Pfalz
DJV	Deutscher Jagdverband	SH	Schleswig-Holstein
EJ	Eigenjagdbezirk	SL	Saarland
FLG	Flintenlaufgeschoss	SN	Sachsen
GJ	Gemeinschaftlicher Jagdbezirk	ST	Sachsen-Anhalt
GP	Gebrauchsprüfung	StGB	Strafgesetzbuch
HB	Bremen	StPO	Strafprozessordnung
HE	Hessen	TH	Thüringen
HH	Hamburg	UJB	Untere Jagdbehörde
HZP	Herbstzuchtprüfung, Verbands-Herbstzuchtprüfung	UVV	Unfallverhütungsordnung
JAB	Jagdausübungsberechtigter	VGP	Verbandsgebrauchprüfung
JAS	Jagdaufseher	VJP	Verbandsjugendprüfung
JS	Jagdschein	VP	Verbandsprüfung
JJS	Jahres-Jagdschein	VSG	Vorschriften für Sicherheit und Gesundheitsschutz
KJM	Kreisjagdmeister, Kreisjägermeister	WaffG	Waffengesetz
LJG	Landesjagdgesetz	WBK	Waffenbesitzkarte
LJV	Landesjagdverband	ZF	Zielfernrohr

Jagdbare Tiere (Wild) nach BJagdG[1] und den Bestimmungen der Bundesländer[2]

	BJagdG	BW[3]	BY	BB	HE	MV	NI	NW[4]	RP	SL	SN	ST	SH	TH
Schalenwild														
Wisent	×								×					
Elch	×								×		×			
Rotwild	×	×						×	×		×			
Damwild	×	×						×	×		×			
Sikawild	×	×						×	×		×			
Rehwild	×	×						×	×		×			
Gamswild	×	×							×		×			
Steinwild	×	×							×		×			
Muffelwild	×	×						×	×		×			
Schwarzwild	×	×						×	×		×			
Sonstiges Haarwild	×		BJagdG	BJagdG	BJagdG	BJagdG	BJagdG			BJagdG		BJagdG	BJagdG	BJagdG
Feldhase	×	(×)						×	×		×			
Schneehase	×	×												
Wildkaninchen	×	×						×	×		×			
Murmeltier	×	×												
Wildkatze	×	0						×	×		×			
Luchs	×	0							×		×			
Fuchs	×	×						×	×		×			
Steinmarder	×	×						×	×		×			
Baummarder	×	(×)						×	×		×			
Iltis	×	(×)						×	×		×			
Hermelin	×	×						×	×		×			

	BJagdG	BW[3]	BY	BB	HE	MV	NI	NW[4]	RP	SL	SN	ST	SH	TH
Mauswiesel	×	×	BJagdG	BJagdG	BJagdG	BJagdG	BJagdG	×		BJagdG		BJagdG	BJagdG	BJagdG
Dachs	×	×						×	×					
Fischotter	×							×	×		×			
Seehund	×													
Wolf						×	×				×		×	
Waschbär[5]		×	×	×	×	×	×	×	×	×	×	×	×	×
Marderhund[5]		×	×	×	×	×	×	×	×	×	×	×	×	×
Mink[5]		×	×	×	×	×	×	×		×	×	×	×	×
Nutria[5]		×	×	×	×	×	×			×	×	×	×	×
Bisam				X										
Goldschakal							×							
Hühnervögel			BJagdG	BJagdG	BJagdG	BJagdG	BJagdG			BJagdG		BJagdG	BJagdG	BJagdG
Rebhuhn	×							×	×		×			
Fasan	×	(×)						×	×		×			
Wachtel	×							×	×					
Wildtruthühner	×							×	×					
Auerwild	×	0							×					
Birkwild	×								×					
Rackelwild	×								×					
Haselwild	×	0						×	×					
Alpenschneehuhn	×													
Wasservögel														
Höckerschwan	×							×	×		×			
Wildgänse	×													
Graugans	×	(×)						×	×		×			

	BJagdG	BW[3]	BY	BB	HE	MV	NI	NW[4]	RP	SL	SN	ST	SH	TH
Kanadagans	×	×						×	×		×			
Saatgans	×								×		×			
Blässgans	×		BJagdG	BJagdG	BJagdG	BJagdG	BJagdG		×	BJagdG	×	BJagdG	BJagdG	BJagdG
Ringelgans	×								×		×			
Sonstige d. Gattungen Anser u. Branta	×	0									×			
Nilgans[5]		×	×	×	×	×	×	×	×	×	×	×	×	×
Rostgans		(×)	×					×			×			
Wildenten	×													
Stockente	×	×						×	×		×			
Reiherente	×	×						×	×		×			
Tafelente	×	×						×	×		×			
Löffelente	×							×	×		×			
Krickente	×	(×)						×	×		×			
Knäkente	×							×	×		×			
Schnatterente	×	(×)						×	×		×			
Spießente	×		BJagdG	BJagdG	BJagdG	BJagdG	BJagdG		×	BJagdG	×	BJagdG	BJagdG	BJagdG
Pfeifente	×	(×)							×		×			
Bergente	×								×		×			
Trauerente	×								×		×			
Samtente	×								×		×			
Sonstige d. Unterfam. Anatinae	×	0									×			
Säger	×								×[6]					
Blässhuhn	×	×							×					
Möwen	×								×[7]		×			
Haubentaucher	×								×					

	BJagdG	BW[3]	BY	BB	HE	MV	NI	NW[4]	RP	SL	SN	ST	SH	TH
Graureiher	×		BJagdG	BJagdG	BJagdG	BJagdG	BJagdG		×	BJagdG	×	BJagdG	BJagdG	BJagdG
Kormoran		0												
Nandu						×								
Greifvögel u. Falken	×		BJagdG	BJagdG	BJagdG	BJagdG	BJagdG				×	BJagdG	BJagdG	BJagdG
Habicht	×	0							×		×			
Wanderfalke	×	0						×			×			
Sonstige Vögel	×													
Waldschnepfe	×	(×)						×	×		×			
Wildtauben	×													
Ringeltaube	×	×						×	×					
Türkentaube	×	×						×	×					
Hohltaube	×	0						×						
Turteltaube	×	0						×						
Großtrappe	×													
Rabenvögel														
Kolkrabe	×							×						
Rabenkrähe		×	×	×	×	×	×	×	×		×	×	×	×
Nebelkrähe				×		×					×	×	×	
Elster		×	×	×	×	×	×	×	×		×	×	×	×
Eichelhäher			×								×			

1) Nur nach BJagdG, aber in keinem Bundesland jagdbar sind Großtrappe, Kolkrabe und Säger (Gattung Mergus)

2) Baden-Württemberg, Nordrhein-Westfalen, Rheinland-Pfalz und Sachsen haben die Jagdbaren Arten in ihren eigenen Gesetzen definiert. In Berlin, Bremen und Hamburg gelten nur die Bestimmungen des BJagdG. Sie sind hier daher nicht separat aufgeführt. In den übrigen Bundesländern gelten die Bestimmungen des BJagdG, weitere Arten (kursiv gesetzt) wurden aber ins Jagdrecht aufgenommen.

3) Nach dem neuen Jagd- und Wildtiermanagementgesetz Baden-Württembergs gilt für dieses Bundesland:
× = Nutzungsmanagement, (×) = Entwicklungsmanagement, 0 = Schutzmanagement

4) In Nordrhein-Westfalen unterliegen zusätzlich dem Jagdrecht: Turteltaube, Schneegans, Weißwangengans, Brandgans, Brautente, Mandarinente, Kolbenente, Wespenbussard, Wiesenweihe, Rohrweihe, Sperber, Roter Milan, Schwarzer Milan, Mäusebussard, Baumfalke und Turmfalke.

5) Invasive Arten

6) In Nordrhein-Westfalen Gänsesäger

7) Lach-, Schwarzkopf-, Sturm-, Silber-, Mantel- und Heringsmöwe

Ländervergleich Jagdbezirksgrößen und Jagdpacht

	Mindestgröße sowie *[Mindestgröße jeden Teils bei Teilung]*		**Mindestpachtdauer**	**Zulässige Anzahl an Pächtern EJ und GJ**	**Höchstpachtfläche**	**Jagderlaubnis**
	Eigenjagdbezirk	**Gemeinschaftl. Jagdbezirk**				
BJagdG	**75 ha** *[75 ha]*	**150** *ha [250 ha]*		soll mind. 9 Jahre betragen	1000 ha	Delegation an Länder
Baden-Württemberg	**75 ha** *[75 ha]*	**150 ha** *[250 ha, bis 150 ha durch UJB genehmigungsfähig]*	6 Jahre	bis 250 ha 3 Personen, für jede weitere angefangenen 100 ha je 1 weitere	1000 ha	keine Vorschrift, UJB kann eingreifen
Bayern	**300 ha** *[500 ha]* im Hochgebirge und dessen Vorbergen; im übrigen Bayern **81,755 ha** *[250 ha]*	**500 ha** *[500 ha]* im Hochgebirge und dessen Vorbergen; im übrigen Bayern **250 ha** *[250 ha]*	Niederwildreviere 9 Jahre, Hochwildreviere 12 Jahre	Hochgebirge und Vorberge: bis 500 ha 2 Pächter, je weitere angefangene 500 ha 2 weiterer; übriges Bayern: bis 250 ha 2 Pächter, je weitere angefangene 250 ha 1 weiterer	1000 ha; im Hochgebirge und seinen Vorbergen 2000 ha	für entgeltliche wie zulässige Zahl an Pächtern; für unentgeltliche keine Vorschrift nach LJG
Berlin	**75 ha** *[75 ha]*	**150 ha** *[250 ha]*	Niederwildreviere 9 Jahre, Hochwildreviere 12 Jahre; bis 250 ha 2 Personen, je weitere angefangene 125 ha 1 weitere Person	1000 ha	ins Ermessen des JAB gestellt	
Brandenburg	**150 ha** (auf Antrag minimal 75 ha) *[150 ha]*	**500 ha** (auf Antrag minimal 250 ha) *[500 ha]*	Niederwildreviere 9 Jahre, Hochwildreviere 12 Jahre	bis 250 ha 2 Personen, je weitere volle 75 ha 1 weitere Person	1000 ha	ins Ermessen des JAB gestellt
Bremen	**75 ha** *[75 ha]*	**250 ha** (200 ha im Ausnahmefall möglich) *[250 ha, wenn keine Gründe entgegenstehen]*	soll mind. 9 Jahre betragen	bis 250 ha 2 Pächter, je weitere volle 125 ha 1 weitere Person	1000 ha	ins Ermessen des JAB gestellt
Hamburg	**75 ha** *[250 ha]*	**150 ha** *[250 ha]*	soll mind. 9 Jahre betragen	bis 250 ha 1 Person, 250–400 ha 2 Personen, je weitere volle 150 ha 1 weitere Person	1000 ha	Zahl entgeltlicher und unentgeltlicher Jagderlaubnisse darf nicht größer sein als Zahl der Pächter wäre; Anzeigepflicht ggü. UJB

	Mindestgröße sowie *[Mindestgröße jeden Teils bei Teilung]*		**Mindestpachtdauer**	**Zulässige Anzahl an Pächtern EJ und GJ**	**Höchstpachtfläche**	**Jagderlaubnis**
	Eigenjagdbezirk	**Gemeinschaftl. Jagdbezirk**				
Hessen	**75 ha** *[200 ha]*	**150 ha** *[200 ha]*	10 Jahre	EJ: bis 150 ha 2 Personen, je weitere angefangene 75 ha 1 weitere Person; GJ: bis 500 ha 3 Personen, je weitere angefangene 150 ha 1 weitere Person	1000 ha	Anzeigepflicht an die UJB bei Laufzeit > 1 Jahr
Mecklenburg-Vorpommern	**75 ha** *[75 ha]*	**150 ha** *[250 ha]*	Niederwildreviere mind. 9 Jahre, Hochwildreviere mind. 12 Jahre	bis 250 ha 2 Personen, je weitere angefangene 150 ha 1 weitere Person	1000 ha	keine anzahlbezogene Vorschrift; UJB kann Zulassung untersagen
Niedersachsen	**75 ha** *[75 ha]*	**250–200 ha**, davon mind. 75 ha zusammenhängend jagdl. nutzbar *[250 ha]*	9 Jahre	keine Vorschrift	1000 ha	keine Vorschrift
Nordrhein-Westfalen	**75 ha** *[75 ha]*	**150 ha** *[300 ha, in Sonderfällen mit Genehmigung auch weniger]*	9 Jahre, in Sonderfällen ab 5 Jahre	Bis 300 ha 2 Personen, je weitere volle 150 ha 1 weitere Person. Bei Verpachtung über 300 ha großer Jagdbezirke an weniger als zulässige Pächterzahl muss für alle über 300 ha hinausgehenden 150 ha eine Jagderlaubnis ausgegeben werden.	1000 ha	entgeltlich und/oder unentgeltlich möglich (siehe Anzahl Pächter)
Rheinland-Pfalz	**75 ha** *[75 ha]*	**250 ha** (um bis zu 25 ha weniger zulässig *[250 ha]*	soll mind. 8 Jahre betragen, kann auf 5 Jahre verkürzt werden	bis 250 ha 3 Personen, für je weitere angefangene 100 ha je 1 weitere Person	1000 ha	keine anzahlbezogene Vorschrift

	Mindestgröße sowie *[Mindestgröße jeden Teils bei Teilung]*		Mindestpacht-dauer	Zulässige Anzahl an Pächtern EJ und GJ	Höchst-pachtfläche	Jagderlaubnis
	Eigenjagd-bezirk	**Gemein-schaftl. Jagdbezirk**				
Saarland	**75 ha** *[75 ha]*	**150 ha**, davon mind. 75 ha zusammen-hängend jagdl. nutzbar *[Teilung, wenn jagdwirtschaft-lich vertretbar]*	soll mind. 5, höchstens 10 Jahre betragen	bis 150 ha bis zu 2 Personen, je weitere angefan-gene 100 ha 1 weitere Person	1000 ha	entgeltliche noch so viele wie noch Pächter zulässig wären; unentgelt-liche so viele wie insgesamt Pächter zulässig sind;; Sonderregelungen für ortsansässige Jagdgäste
Sachsen	**75 ha** *[75 ha]*	**250 ha** (befrie-dete Bezirke werden nicht eingerechnet *[250 ha]*	soll mind. 9 Jahre betragen	Keine Regelungen im LJG; Pächter muss nicht jagd-pachtfähig sein, sondern kann sofort pachten.	1000 ha	ins Ermessen des JAB gestellt
Sachsen-Anhalt	**75 ha** *[75 ha]*	**250 ha** (in Ausnahmefällen Absenkung auf 200 ha möglich) *[250 ha]*	soll mind. 9 Jahre betragen	bis 400 ha 4 Personen, für je weitere volle 100 ha 1 weitere Person	1000 ha	ins Ermessen des JAB gestellt
Schleswig-Holstein	**75 ha** *[75 ha]*	**250 ha** *[250 ha]*	Niederwild-reviere 9 Jahre, Hochwildreviere 12 Jahre	bis 300 ha 2 Personen, je weitere volle 150 ha 1 weitere Person	1000 ha	ins Ermessen des JAB gestellt
Thüringen	**75 ha** *[75 ha]*	**250 ha** (befrie-dete Bezirke werden nicht eingerechnet *[250 ha]*	Niederwild-reviere 9 Jahre, Hochwildreviere 12 Jahre, Aus-nahmen sind möglich	bis 250 ha 2 Personen, in Niederwildjagd je weitere volle 75 ha 1 weitere Person, in Hoch-wildjagd je weite-re volle 150 ha 1 weitere Person	1000 ha	unentgeltliche sind ins Ermessen des JAB gestellt; entgeltliche nur an jagdpachtfähi-ge Personen und anzeigepflichtig ggü. UJB bei 3 Monaten Gül-tigkeit; entgelt-liche gelten bei Berechnung wie Pächter

Wildzäune, Abschussplan für Rehwild und Meldepflichten bei Wildschäden

	Wildzäune müssen wilddicht sein und fortlaufend kontrolliert werden. Folgende Höhen sowie Maschenweiten für Wildzäune sind vorgeschrieben:
BW	• Rot-, Dam-, Sikawild: 1,8 m • Muffelwild: 2,5 m • Rehwild: 1,5 m • Schwarzwild: 1,5 m • Wildkaninchen: 1 m und 0,3 m in der Erde; Maschenweite: 40 mm
BY	• Rot-, Dam-, Sikawild: 1,8 m • Muffelwild: 2,5 m • Rehwild: 1,5 m • Schwarzwild: 1,5 m • Wildkaninchen: 1 m und 0,3 m in der Erde; Maschenweite: 40 mm
BE	• Rot-, Dam-, Sikawild: 1,8 m • Muffelwild: 2,5 m • Rehwild: 1,5 m • Schwarzwild: 1,5 m • Wildkaninchen: 1,3 m und 0,2 m in der Erde; Maschenweite: 40 mm
BB	• Rot-, Dam-, Sikawild: 1,8 m • Muffelwild: 2 m • Rehwild: 1,5 m • Schwarzwild: 1,5 m • Wildkaninchen: 1,3 m und 0,2 m in der Erde; Maschenweite: 40 mm
HB	• Rot-, Dam-, Sikawild: 1,8 m • Muffelwild: 2,5 m • Rehwild: 1,5 m • Schwarzwild: 1,5 m • Wildkaninchen: 1,3 m und 0,2 m in der Erde; Maschenweite: 40 mm
HH	• Rot-, Dam-, Sikawild: 1,8 m • Muffelwild: 2,5 m • Rehwild: 1,5 m • Schwarzwild: 1,5 m • Wildkaninchen: 1,3 m und 0,2 m in der Erde; Maschenweite: 40 mm
HE	• Rot-, Dam-, Sikawild: 1,8 m • Muffelwild: 2,5 m • Rehwild: 1,5 m • Schwarzwild: 1,5 m • Wildkaninchen: 1,3 m und 0,2 m in der Erde; Maschenweite: 40 mm
MV	• Rot-, Dam-, Sikawild: 1,8 m • Muffelwild: 2,5 m • Rehwild: 1,5 m • Schwarzwild: 1,5 m • Wildkaninchen: 1,3 m und 0,2 m in der Erde; Maschenweite: 40 mm
NI	• Rot-, Dam-, Sikawild: 1,8 m • Muffelwild: 2,5 m • Rehwild: 1,5 m • Schwarzwild: 1,5 m • Wildkaninchen: 1,2 m und 0,3 m in der Erde; Maschenweite: 40 mm

Abschussplanpflicht – laut BJG – besteht für alles Schalenwild außer Schwarzwild. Der Abschussplan für Federwild ist bedeutungslos, da die angesprochenen Federwildarten keine Schusszeit mehr haben. Für Rehwild gilt:	Meldepflicht bei Wildschäden im Feld
Abschussplan für Rehwild ist weggefallen.	Innerhalb 1 Woche; Schäden an Forstkulturen sind einmal jährlich bis zum 15. Mai zu melden
Abschussplanung für Rehwild besteht weiterhin.	Innerhalb 1 Woche
Abschussplanung für Rehwild besteht weiterhin.	Innerhalb 1 Woche
Abschussplanung für Rehwild besteht weiterhin.	Innerhalb 1 Woche
Abschussplanung für Rehwild besteht weiterhin.	Innerhalb 1 Woche
Abschussplanung für Rehwild besteht weiterhin.	Innerhalb 1 Woche
Abschussplanung für Rehwild besteht weiterhin.	Innerhalb 1 Woche
Abschussplan für Rehwild ist weggefallen.	Innerhalb 1 Woche
Abschussplan für Rehwild ist weggefallen.	Innerhalb 1 Woche

	Wildzäune müssen wilddicht sein und fortlaufend kontrolliert werden. Folgende Höhen sowie Maschenweiten für Wildzäune sind vorgeschrieben:
NW	• Rot-, Dam-, Sikawild: 1,8 m • Muffelwild: 2,5 m • Rehwild: 1,5 m • Schwarzwild: 1,3 m und 0,2 m in der Erde • Wildkaninchen: 1,2 m und 0,3 m in der Erde; Maschenweite: 40 mm
RP	• Rot-, Dam-, Sikawild: 1,8 m • Muffelwild: 1,8 m • Rehwild: 1,5 m • Schwarzwild: 1,5 m • Wildkaninchen: 1,3 m und 0,2 m in der Erde; Maschenweite: 40 mm
SL	• Rot-, Dam-, Sikawild: 1,8 m • Muffelwild: 2,5 m • Rehwild: 1,5 m • Schwarzwild: 1,5 m • Wildkaninchen: 1,3 m und 0,2 m in der Erde; Maschenweite: 40 mm
SN	• Rot-, Dam-, Sikawild: 1,8 m • Muffelwild: 2,5 m • Rehwild: 1,5 m • Schwarzwild: 1,5 m • Wildkaninchen: 1,2 m und 0,3 m in der Erde; Maschenweite: 40 mm
ST	• Rot-, Dam-, Sikawild: 1,8 m • Muffelwild: 2,5 m • Rehwild: 1,5 m • Schwarzwild: 1,5 m • Wildkaninchen: 1,3 m und 0,2 m in der Erde; Maschenweite: 40 mm
SH	• Rot-, Dam-, Sikawild: 1,8 m • Muffelwild: 2,5 m • Rehwild: 1,5 m • Schwarzwild: 1,5 m • Wildkaninchen: 1,3 m und 0,2 m in der Erde; Maschenweite: 40 mm
TH	• Rot-, Dam-, Sikawild: 1,8 m • Muffelwild: 2,5 m • Rehwild: 1,5 m • Schwarzwild: 1,5 m • Wildkaninchen: 1,3 m und 0,2 m in der Erde; Maschenweite: 40 mm

Abschussplanpflicht – laut BJG – besteht für alles Schalenwild außer Schwarzwild. Der Abschussplan für Federwild ist bedeutungslos, da die angesprochenen Federwildarten keine Schusszeit mehr haben. Für Rehwild gilt:	Meldepflicht bei Wildschäden im Feld
Abschussplanung für Rehwild besteht weiterhin.	Innerhalb 1 Woche
Abschussvereinbarung zwischen Verpächter und Pächter (BGB-Vertrag)	Innerhalb 1 Woche
Abschussplan für Rehwild ist weggefallen.	Innerhalb 1 Woche
Abschussplan für Rehwild ist weggefallen.	Innerhalb 1 Woche
Abschussplanung für Rehwild besteht weiterhin.	Innerhalb 1 Woche
Abschussplanung für Rehwild besteht weiterhin.	Innerhalb 1 Woche
Abschussplanung für Rehwild besteht weiterhin.	Innerhalb 1 Woche

Achtung! Die Ausführungen geben z.T. die rechtlichen Bestimmungen gekürzt und in einfacher Sprache wieder.

Befriedete Bezirke

	Befriedete Bezirke kraft Gesetz
BW	• Gebäude, die zum Aufenthalt von Menschen dienen, sowie Gebäude, die mit solchen räumlich zusammenhängen • Hofräume und Hausgärten, die mit Ziffer 1 unmittelbar zusammenhängen • Friedhöfe
BY	• Gebäude, die zum Aufenthalt von Menschen dienen, sowie Gebäude, die mit solchen räumlich zusammenhängen • Hofräume und Hausgärten, die mit Ziffer 1 unmittelbar zusammenhängen und durch eine Befriedung begrenzt sind • Friedhöfe • Tiergärten • sonstige überbaute Flächen im Bereich eines Bebauungsplans und Flächen innerhalb der im Zusammenhang bebauten Ortsteile
BE	• Gebäude, die zum Aufenthalt von Menschen dienen, sowie Gebäude, die mit solchen räumlich zusammenhängen • Hofräume, Hausgärten und Parks, die mit Ziffer 1 unmittelbar zusammenhängen • Friedhöfe • Kleingartenanlage, Wochenendgrundstücke, Fischzuchtanlagen, Spiel- und Sportplätze, Golfplätze • Straßen, Bahnanlagen, Flugplätze und vollständig eingefriedete Betriebsgelände • Wildgehege, Schaugehege • Öffentliche Grün- und Erholungsanlagen einschl. darin gelegene Gewässer
BB	• Gebäude, die zum Aufenthalt von Menschen dienen, sowie Gebäude, die mit solchen räumlich zusammenhängen • Hofräume und Hausgärten, die mit Ziffer 1 unmittelbar zusammenhängen • Friedhöfe • Öffentliche Grün-, Sport- und Erholungsanlagen • Golfplätze • Eisenbahnanlagen, Bundesautobahnen • Vollständig eingefriedete Betriebsgelände • Häfen • Militärisch genutzte Flächen • Flugplätze • Wildgehege
HB	• Gebäude, die zum Aufenthalt von Menschen dienen, sowie Gebäude, die mit solchen räumlich zusammenhängen • Hofräume und Hausgärten, die mit Ziffer 1 unmittelbar zusammenhängen • Friedhöfe • Schau- und Sondergehege
HH	• sonstige Flächen (Naturschutzgebiete u. Ä.) • Gebäude, die zum Aufenthalt von Menschen dienen, sowie Gebäude, die mit solchen räumlich zusammenhängen • Hofräume, Hausgärten und Parks, die mit Ziffer 1 unmittelbar zusammenhängen • Friedhöfe • öffentliche Grün- und Erholungsanlagen
HE	• Gebäude, die zum Aufenthalt von Menschen dienen, sowie Gebäude, die mit solchen räumlich zusammenhängen • Hofräume und Hausgärten, die mit Ziffer 1 unmittelbar zusammenhängen • Friedhöfe • Kleingartenanlage • Wildgehege (gilt nicht für Jagdgehege)

Befriedete Bezirke kraft Verwaltungsakt (also auf Antrag möglich)	Jagdhandlungen, die dem Grundstückseigentümer erlaubt sind
• Vollständig eingezäunte Grundflächen • Öffentliche Parks, Grünflächen, Bestattungswälder • Grundflächen innerhalb eines Bebauungsplans • Wildparks, Wildfarmen, Tierparks, Tiergärten • Bewirtschaftete Teich- und Fischzuchtanlagen • Gehege, Tiergehege	Die UJB kann Eigentümern, Nutzungsberechtigten oder deren Beauftragten auch ohne Jagdschein befristet die Jagd und Aneignung der Tiere gestatten, auf Wildkaninchen, Füchse, Steinmarder und andere Tiere*. Für die Fangjagd ist ein Fangjagdkurs erforderlich. *) des Nutzung und Entwicklungsmanagements
• Vollständig eingezäunte Grundflächen • Grundflächen innerhalb eines Bebauungsplanes	In befriedeten Bezirken kann die UJB dem Eigentümer, dem Nutzungsberechtigten, dem Revierinhaber oder deren Beauftragten bestimmte Jagdhandlungen unter Beschränkung auf bestimmte Wildarten und eine bestimmte Zeit gestatten. Eines Jagdscheines bedarf es nicht. Schußwaffengebrauch nur an Inhaber von JS. WaffG bleibt unberührt. Fangjagdlehrgang vorgeschrieben. Das Aneignungsrecht hat derjenige, dem oder dessen Beauftragten die Jagdhandlung gestattet wurde.
Vollständig eingezäunte Grundflächen	Die UJB kann bestimmte Jagdhandlungen dem Jagdausübungsberechtigen oder dessen Beauftragten gestatten. Das WaffG bleibt unberührt. Das Aneignungsrecht hat derjenige, dem oder dessen Beauftragten die Jagdhandlung gestattet wurde.
Vollständig eingezäunte Grundflächen	Die UJB kann dem Eigentümer, dem Nutzungsberechtigten, dem JAB oder deren Beauftragten bestimmte Jagdhandlungen auf bestimmtes Wild und eine bestimmte Zeitgestatten. Antragsberechtigter ist der Grundeigentümer oder dessen Beauftragter. Jagdhandlungen mit der Schußwaffe bedürfen JS. WaffG bleibt unberührt. Das Aneignungsrecht hat derjenige, dem die Jagdhandlung gestattet wurde.
• Grundstücke, die vollständig abgesperrt sind • Fischteiche • Naturschutzgebiete • öffentliche Anlagen	Eigentümer, Nutzungsberechtigte und deren Beauftragte dürfen Wildkaninchen jederzeit fangen, töten und sich aneignen. Für den Gebrauch von Schußwaffen ist eine Genehmigung erforderlich.
Keine Angaben	Eigentümer, Nutzungsberechtigte und deren Beauftragte dürfen Wildkaninchen und Steinmarder fangen, töten und sich aneignen. Fangjagdlehrgang vorgeschrieben. JS ist erforderlich bei Verwendung von Fanggeräten. Schusswaffen nur mit schriftlicher Genehmigung der UJB. Luftgewehre und Schalldämpfer sind verboten. Die UJB kann Schalldämpfer genehmigen.
• Öffentliche Anlagen und Grundstücke, die absperrbar sind • Stehende Gewässer	Eigentümer, Nutzungsberechtigte sowie von deren Beauftragte dürfen Wildkaninchen und Beutegreifer fangen, töten und sich aneignen. Dies gilt nicht für besonders geschützte Arten. Fangjagdlehrgang erforderlich. Die UJB kann in Ausnahmefällen die Jagdausübung gestatten.

	Befriedete Bezirke kraft Gesetz
MV	• Gebäude, die zum Aufenthalt von Menschen dienen, sowie Gebäude, die mit solchen räumlich zusammenhängen • Hofräume und Hausgärten, die mit Ziffer 1 unmittelbar zusammenhängen • Friedhöfe, Ruheforste • Umzäunte, landwirtschaftlich Betriebsstätten • Öffentliche Parkanlagen • Sportflugplätze, Sport- und Spielplätze • Autobahnen, Kraftfahrstraßen, Eisenbahnanlagen • Tiergehege • Kleingärten, umzäunte Energiegewinnungsanlagen • Flugplätze, Sportanlagen, Campingplätze • Militäranlagen
NI	• Gebäude • Hofräume und Hausgärten, die mit Gebäuden, die zum Aufenthalt von Menschen dienen, anschließen und begrenzt sind und unmittelbar zusammenhängen • Friedhöfe • Campingplätze • Kleingärten • Alle Grundflächen innerhalb der tatsächlich bebauten Grundflächen • Wildschaugehege
NW	• Gebäude, die zum Aufenthalt von Menschen dienen, sowie Gebäude, die mit solchen räumlich zusammenhängen • Hofräume und Hausgärten, die mit Ziffer 1 unmittelbar zusammenhängen • Friedhöfe • Wildgehege • Bundesautobahnen • Kleingartenanlagen
RP	• Gebäude, die zum Aufenthalt von Menschen dienen, sowie Gebäude, die mit solchen räumlich zusammenhängen • Hofräume und Hausgärten, die mit Ziffer 1 unmittelbar zusammenhängen • Friedhöfe, Bestattungswälder • Schaugehege, Sondergehege und Pelztierfarmen
SL	• Gebäude, Hofräume und die unmittelbar an eine Behausung anstoßenden und eingefriedeten Hausgärten • Friedhöfe • Zoos und angezeigte Tiergehege gemäß §§ 42 und 43 des Bundesnaturschutzgesetzes • Bundesautobahnen

Befriedete Bezirke kraft Verwaltungsakt (also auf Antrag möglich)	Jagdhandlungen, die dem Grundstückseigentümer erlaubt sind
• Öffentliche Anlagen und Grundstücke, die absperrbar sind • künstliche Fischteiche	Der Eigentümer oder Nutzungsberechtigte und die von ihm Beauftragten dürfen in befriedeten Bezirken Füchse, Steinmarder, Iltisse, Marderhunde, Waschbären, Nutrias und Wildkaninchen fangen, töten und sich aneignen. Jagdschein ist nicht erforderlich. Anderes Wild ist, wenn es lebensfähig ist, im Jagdbezirk in Freiheit zu setzen. Verendetes und nicht lebensfähiges Wild darf sich der JAB des Jagdbezirkes aneignen. Die UJB kann auf Antrag Ausnahmen zulassen. Sie kann JS-Inhabern die Erlaubnis zum Erlegen von Wild erteilen.
• Öffentliche Anlagen und Grundstücke, die absperrbar sind • Fischteiche • Sportplätze • Golfplätze	Eigentümer und Nutzungsberechtigte dürfen Füchse, Dachse, Marder, Iltisse, Hermeline, Waschbären, Marderhunde, Minke, Nutrias und Wildkaninchen fangen, töten und sich aneignen, (Fangjagdlehrgang vorgeschrieben) soweit diese Befugnis nicht im Rahmen einer beschränkten Jagdausübung anderen zur Jagd befugten Personen übertragen ist. Das Töten ist nur erlaubt mit gültigem JS.
• Vollständig eingezäunte Grundflächen • Öffentliche Anlagen	UJB kann Grundstückseigentümer, Nutzungsberechtigen sowie deren Beauftragten die Jagd gestatten. Jagdschein erforderlich. Dieser Personenkreis mit JS darf jederzeit Wildkaninchen fangen, töten und sich aneignen. Fangjagdlehrgang vorgeschrieben. Für Schusswaffgebrauch ist Genehmigung der UJB erforderlich.
• Öffentliche, eingezäunte Grundflächen • Grundflächen im Bereich eines Bebauungsplans • Sport- und Golfplätze • Öffentliche Parks und Grünflächen • Naturschutzgebiete • Wildschutzgebiete • Wildparks und Wildfarmen • Künstliche Fischteiche	Eigentümern oder nutzungsberechtigten Personen kann die UJB in beschränktem Umfang das Fangen und Töten von Wild gestatten. Gilt nur für Schwarzwild, Wildkaninchen, Füchse, Dachse, Steinmarder, Baummarder, Hermeline, Marderhunde und Waschbären. Jagdzeiten sind zu beachten. Fangjagdlehrgang vorgeschrieben. Schusswaffen dürfen nur Inhabern von gültigen JS erlaubt werden.
• Öffentliche Anlagen und Grundstücke, die absperrbar sind • Naturschutzgebiete • geschlossene Gewässer	Der Eigentümer oder Nutzungsberechtigte von befriedeten Bezirken darf (außerhalb der Brut- und Setzzeiten) jederzeit Haarraubwild, mit Ausnahme der ganzjährig geschonten Arten, und Wildkaninchen fangen oder töten und sich aneignen. Ein Jagdschein ist hierzu nicht erforderlich. Die OJB kann dem Eigentümer, dem Nutzungsberechtigten oder dem JAB bestimmte Jagdhandlungen auf bestimmtes Wild und einen bestimmten Zeitraum gestatten. Das Aneignungsrecht hat derjenige, dem die Jagdhandlung gestattet wurde. Die waffenrechtlichen Vorschriften bleiben unberührt.

	Befriedete Bezirke kraft Gesetz
SN	• Gebäude • Hofräume und die unmittelbar an eine Behausung anstoßenden und eingefriedeten Hausgärten • Friedhöfe und andere Bestattungsorte • Zoos und angezeigte Tiergehege • Bundesautobahnen • Sonstige bebaute Flächen innerhalb des Geltungsbereichs eines Bebauungsplans oder innerhalb bebauter Ortsteile • Sportanlagen • Kleingartenanlagen • Campingplätze
ST	• Gebäude, die zum Aufenthalt von Menschen dienen, sowie Gebäude, die mit solchen räumlich zusammenhängen • Hofräume und Hausgärten, die an eine Behausung anschließen und durch eine Umfriedung begrenzt sind • Friedhöfe, Urnenbestattungsflächen • Flächen im Geltungsbereich eines Bebauungsplans und innerhalb einer geschlossenen Bebauung • Sportplätze • Schaugehege, Zuchtgehege
SH	• Gebäude, die zum Aufenthalt von Menschen dienen, sowie Gebäude, die mit solchen räumlich zusammenhängen • Hofräume und Hausgärten, die mit Ziffer 1 unmittelbar zusammenhängen • Friedhöfe • Öffentliche Parkanlagen • Sport- und Spielplätze, die mit bebauten Gebieten in Zusammenhang stehen • Kleingartenanlagen • Tiergehege • Bundesautobahnen • Militärische Anlagen
TH	• Gebäude, die zum Aufenthalt von Menschen dienen, sowie Gebäude, die mit solchen räumlich zusammenhängen • Hofräume und Hausgärten, die mit Ziffer 1 unmittelbar zusammenhängen • Friedhöfe • Sonstige Flächen im Geltungsbereichs eines Bebauungsplans • Tiergärten, Schaugehege, Wildfarmen, Pelztierfarmen

Befriedete Bezirke kraft Verwaltungsakt (also auf Antrag möglich)	Jagdhandlungen, die dem Grundstückseigentümer erlaubt sind
• Öffentliche Anlagen • Vollständig eingefriedete Grundflächen • Flächen innerhalb eines Bebauungsplans • Wildbrücken, Fernwechsel	Der Eigentümer oder Nutzungsberechtigte darf Dache, Füchse, Iltisse, Marderhunde, Minke, Nutrias, Steinmarder, Waschbären und Wildkaninchen fangen, töten und sich aneignen. Töten nur mit Sachkunde. Setzzeit beachten. Fangjagdlehrgang vorgeschrieben. Schusswaffen nur mit Erlaubnis. WaffG bleibt unberührt.
• öffentliche Anlagen • Grundstücke, die abgesperrt sind • Fischteiche und geschlossene Gewässer • Sonstige Flächen im Geltungsbereiches eines Bebauungsplans	Die UJB kann eine beschränkte Ausübung der Jagd gestatten. Der Eigentümer oder Nutzungsberechtigte eines Grundstückes darf unabhängig von jagdrechtlichen Beschränkungen Füchse, Steinmarder, Waschbären, Marderhunde, Minke, Nutrias und Kaninchen fangen, töten und für sich behalten. § 228 BGB gilt entsprechend.
• Grundstücke, die abgesperrt sind • Seen und geschlossene Gewässer	Eigentümer, Nutzungsberechtigte und deren Beauftragte dürfen Füchse, Steinmarder und Wildkaninchen innerhalb der Jagdzeit fangen, töten und sich aneignen. Eines Jagdscheines bedarf es nicht. Fangjagdlehrgang vorgeschrieben. Weitere Ausnahmen kann die UJB zulassen. Die UJB kann Inhabern von gültigen Jagdscheinen die Erlaubnis zur Jagdausübung erteilen. Waffenrechtliche Bestimmungen bleiben unberührt.
• Sonstige Flächen innerhalb eines Bebauungsplans • Vollständig eingefriedete Grundflächen	Die UJB kann sachkundigen (Fangjagdlehrgang vorgeschrieben) Eigentümern oder Nutzniessern, ohne Jagdschein, gestatten Wildkaninchen und Haarraubwild fangen, töten und sich anzueignen. Schusswaffengebrauch nur mit gültigem Jagdschein .

Achtung! Die Ausführungen geben z.T. die rechtlichen Bestimmungen gekürzt und in einfacher Sprache wieder.

Wildfolge (In Kurzform: Die Verfolgung von schwerkrankem Wild in fremde Jagdbezirke)

	Stück in Sichtweite				
	Wildfolgeregelungen müssen (wenn erfolgt) schriftl. festgehalten werden?	**Wenn keine Wilfolgevereinbarung festgehalten, gilt die gesetzliche?**	**Fangschuss aus eigenem ins fremde Revier erlaubt?**	**Fangschuss im Nachbarrevier erlaubt?**	**Nachbar ist unverzüglich zu unterrichten?**
BW	Ja[1]	Ja[2]	Ja	Nein	Ja
BY	Ja	Ja[4]	Ja	Nein	Ja
BE	Ja[5]	Ja[4]	Ja	Nein	Ja
BB	Ja[5]	Ja	Ja	Nein	Ja
HB	Ja	Ja[7]	Ja	Nein	Ja
HH	Ja[1]	Ja	Ja	Ja	Ja
HE	Ja	Ja[11]	Ja	Nein	Ja
MV	Ja	Ja[7]	Ja	Ja	Ja
NI	Ja[1]	Ja[7]	Ja	Ja	Ja
NW	Ja[5]	Ja[7]	Ja	Ja	Ja
RP	Ja[12]	Ja[7]	Ja	Ja	Ja
SL	Ja[1]	Ja[4]	Ja	Ja	Ja
SN	Ja[1]	Ja[4]	Ja	Ja	Ja
ST	Ja[1]	Ja[4]	Ja	Nein	Ja
SH	Ja[1]	Ja[4]	Ja	Ja	Ja
TH	Ja[13]	Ja[4]	Ja	Ja	Ja

	Stück in Sichtweite				
	Wild muss versorgt werden?	Stück (Schalenwild) darf fortgeschafft werden?	Stück (anderes Wild) darf fortgeschafft werden?	Fortgeschaffenes Stück ist dem Nachbar zur Verfügung zu stellen?	Über das Fortschaffen ist der Nachbar unverzüglich zu informieren?
	Ja	Ja	Ja	Ja	Ja
	Ja	Nein	Nein	Ja	Ja
	Ja	Nein	Ja	Ja	Ja
	Ja	Nein	Ja	Ja	Ja
	Ja	Nein	Ja	Ja	Ja
	Ja	Nein	Nein	–	Ja
	Ja	Nein	Nein	Ja	Ja
	Ja	Nein	Nein	Ja	Ja
	Ja	Nein	Ja	Ja	Ja
	Ja	Nein	Ja	Ja	Ja
	Ja	Nein	Nein	Ja	Ja
	Ja	Ja	Ja	Ja	Ja
	Ja	Ja	Ja	Ja	Ja
	Ja	Nein	Nein	Ja	Ja
	Ja	Nein	Ja	Ja	Ja
	Ja	Nein	Nein	Ja	Ja

	Stück außerhalb Sichtweite			
	Anschuss und Stelle des Überwechselns muss markiert werden?	Nachbar muss unverzüglich informiert werden?	Schütze muss für ordnungsgemäße, waid- und tierschutzgerechte Nachsuche Sorge tragen und entsprechende Absprachen/Anweisungen treffen?	Schütze oder ein mit den Vorgängen vertrauter Beauftragter hat sich für Nachsuche zur Verfügung zu stellen?
BW	Ja	Ja	Ja	Ja
BY	Ja	Ja	Ja	Ja
BE	Ja	Ja	Ja	Ja
BB	Ja	Ja	Ja	Ja
HB	Ja	Ja	Ja	Ja
HH	Ja	Ja	Ja	Ja
HE	Ja	Ja	Ja	Ja
MV	Ja	Ja	Ja	Ja
NI	Ja	Ja	Ja	Ja
NW	Ja	Ja	Ja	Ja
RP	Ja	Ja	Ja	Ja
SL	Ja	Ja	Ja	Ja
SN	Ja	Ja	Ja	Ja
ST	Ja	Ja	Ja	Ja
SH	Ja	Ja	Ja	Ja
TH	Ja	Ja	Ja	Ja

1. Keine Frist festgelegt.
2. Wenn Nachsuche erlaubterweise erfolgt, dürfen Jagdwaffen mitgeführt werden.
3. Es können in den schriftlich festgelegten Wildfolgevereinbarungen abweichende Festlegungen getroffen werden, die aber nicht hinter den tierschutzrechtlichen Belangen zurückstehen dürfen. Auch nach Eintritt einer Wildfolgesituation können die Beteiligten, bei Einvernehmen, eine abweichende Regelung treffen.
4. Langwaffe darf beim Überschreiten der Reviergrenze nur ungeladen mitgeführt werden.
5. Innerhalb von 6 Monaten nach Beginn der Nachbarschaft.
6. Wenn ich selbst an der Nachsuche teilnehme.
7. Schusswaffen dürfen mitgeführt werden, um krankes Wild zu erlösen.
8. Kann die Annahme verweigern.
9. Dort, wo Wildbret verwertet wird.
10. Langwaffe darf beim Überschreiten der Grenze nur für den Fangschuss mitgeführt werden.
11. Schusswaffen dürfen (wenn keine andere Regelung getroffen) nicht mitgeführt werden.
12. Innerhalb von 3 Monaten nach Beginn der Nachbarschaft
13. Getroffene Vereinbarungen sind der UJB anzuzeigen.
14. Männliches Wild bei mir; weibliches Wild dort wo es verbleibt.

Stück außerhalb Sichtweite			
Nachsuche kann durch anerkannten Schweiß-hundeführer erfolgen, wenn so vereinbart?	Stück gehört mir (Nachsuchendem) oder Nachbar?	Stück wird auf meinen (Nachsuchender) Abschussplan oder den des Nachbarn geschrieben?	Trophäe gehört mir (Nachsuchender) oder dem am Fundort zuständigen JAB?
Ja	Nachbar	Bei mir	Nachbar[3]
Ja	Nachbar	Bei mir	Nachbar
Ja	Nachbar	Bei mir	Mir[3,6]
Ja	Nachbar	Bei mir	Mir[3,6]
Ja	Nachbar[8]	9	Mir[3,6]
Ja	Nachbar	Nachbar	Nachbar[3]
Ja	Nachbar	Bei mir	Nachbar[3]
Ja	Nachbar	Bei mir	Nachbar[3]
Ja	Nachbar	Bei mir	Nachbar[3]
Ja	Nachbar	Bei mir	Mir[3,6]
Ja	Nachbar	Nachbar	Nachbar[3]
Ja	Nachbar[8]	9	Nachbar[3]
Ja	Nachbar	Bei mir	Nachbar[3]
Ja	Bei mir	Bei mir	Mir[3]
Ja	Nachbar	9	Nachbar[3]
Ja	Nachbar	14	Nachbar[3]

Wildfolge – Ergänzung zur Tabelle

Allgemein gilt:
Es können in den schriftlich festgelegten Wildfolgevereinbarungen abweichende Festlegungen getroffen werden, die aber nicht hinter den tierschutzrechtlichen Belangen zurückstehen dürfen. Auch nach Eintritt einer Wildfolgesituation können die Beteiligten bei Einvernehmen eine abweichende Regelung treffen.
Wildfolge: Sonderregelungen „Befriedete Bezirke"
Grundsätzlich gilt, in allen Bundesländern:
Wildfolge in Gebäude, die zum Aufenthalt von Menschen dienen oder mit solchen räumlich zusammenhängen, ist nicht gestattet. Für Hofräume und Hausgärten, die damit in Zusammenhang stehen, gelten unterschiedliche Ländervorschriften. Es müssen folgende Fälle unterschieden werden:

- Sonderfall I: Befriedeter Bezirk kraft Gesetzes
- Sonderfall II: Befriedeter Bezirk kraft Verwaltungsaktes (also ein von der Behörde festgelegter Bezirk)
- Sonderfall III: Friedhof

Regelungen in den Bundesländern

Baden-Württemberg

LJG § 13,6
Krankgeschossene, schwer kranke oder aus sonstigen Gründen schwer verletzte Wildtiere, die auf Grundflächen überwechseln, auf denen die Jagd ruht oder in denen nur eine beschränkte Jagdausübung gestattet ist oder sich dort befinden, dürfen auch dort bejagt werden. Dies gilt nicht für Gebäude, die zum Aufenthalt von Menschen dienen. Der jagdausübungsberechtigten Person steht das Aneignungsrecht zu. Die Grundstückseigentümerin oder der Grundstückseigentümer oder die nutzungsberechtigte Person ist unverzüglich zu benachrichtigen; diese Person ist zur Herausgabe der Wildtiere verpflichtet.

Bayern

BayJG Artikel 38
Verfolgung kranken oder krankgeschossenen Wildes in befriedeten Bezirken
Die Verfolgung kranken oder krankgeschossenen Wildes im eigenen Jagdrevier ist in Gebieten zulässig, in denen die Jagd ruht oder nur eine beschränkte Jagdausübung gestattet ist. Das gilt nicht für Gebäude, Hofräume und Hausgärten im Sinn des LJG. Dem Revierinhaber steht jedoch auch in diesen Fällen das Aneignungsrecht zu. Der Grundstückseigentümer oder Nutzungsberechtigte ist zur Herausgabe verpflichtet.

Berlin

LJG Berlin § 29
Verfolgung kranken oder krankgeschossenen Wildes in befriedeten Bezirken
Wildfolge ist in Gebiete zulässig, in denen die Jagd ruht oder nur eine beschränkte Jagdausübung gestattet ist. Dies gilt nicht für Gebäude, Hofräume und Hausgärten im Sinne des LJG. Dem Jagdausübungsberechtigten steht das Aneignungsrecht zu.

Brandenburg

LJG Brandenburg § 36
Verfolgung kranken oder krankgeschossenen Wildes in befriedeten Bezirken
(1) Wildfolge ist ohne Vereinbarung in Gebiete zulässig, in denen die Jagd ruht oder nur eine beschränkte Jagdausübung gestattet ist. Das gilt auch für Hofräume und Hausgärten im Sinne

des LJG. Dem Jagdausübungsberechtigten steht auch in diesen Fällen das Aneignungsrecht zu.

(2) In Gebäude ist Wildfolge nur mit Zustimmung des Nutzungsberechtigten zulässig. Das Aneignungsrecht steht dem Jagdausübungsberechtigten zu.

Bremen

LJG Bremen Artikel 22 (1) 1
Der befugte Jäger hat das Recht, ...

1. innerhalb des Jagdbezirkes befriedete Bezirke, tunlichst nach vorheriger Benachrichtigung des Eigentümers oder Nutzungsberechtigten, zwecks Aneignung von Jagdbeute zu betreten; soweit ihm in einem befriedeten Bezirk eine Jagdausübung gestattet ist (LJG), darf er ihn auch zu diesem Zweck betreten.

Hamburg

Keine Regelung, eigene Regelung im LJG.

Hessen

LJG Hessen § 27 Absatz 9
Wildfolge ist ohne Vereinbarung in Gebiete zulässig, in denen die Jagd ruht oder nur eine beschränkte Jagdausübung gestattet ist. Handelt es sich um eingefriedete Grundflächen, die gegen das Ein- und Auswechseln von Schalenwild dauernd umzäunt sind und keine Einsprünge besitzen, oder um Gebäude, Hofräume und Kleingartenanlagen, so ist die Wildfolge erlaubt, wenn Eigentümer oder Nutzungsberechtigte dem allgemein oder im Einzelfall zustimmen. Das Aneignungsrecht von Eigentümern oder Nutzungsberechtigten bleibt unberührt.

Mecklenburg-Vorpommern

LJG MV §5 Abs. 6
Der Jagdausübungsberechtigte und die von ihm beauftragten Personen, die einen Jagdschein innehaben, haben das Recht, befriedete Bezirke innerhalb des Jagdbezirkes, auf den sich die Berechtigung jeweils erstreckt, zur Tötung schwer kranken Wildes und zur Aneignung von verendetem Wild zu betreten. Dies gilt auch für anerkannte Schweißhundeführer etc.

Niedersachsen

LJG Niedersachsen § 27 Absatz 8
Die zur Jagd befugte Person darf befriedete Bezirke innerhalb des Jagdbezirkes zum Töten von krankgeschossenem Wild oder übergewechselten, schwer krankem Wild betreten. Sie hat die Nutzungsberechtigten vor dem Betreten zu benachrichtigen, soweit nicht eine dadurch eintretende Verzögerung zu vermeidbaren Schmerzen oder Leiden des Wildes führt; andernfalls ist die Benachrichtigung unverzüglich nachzuholen. Die zur Jagd befugte Person darf sich das Wild aneignen, sofern die Grundeigentümerin oder Grundeigentümer oder an deren Stelle die oder der Nießbrauchberechtigte nicht unverzüglich widerspricht. Die Nachsuche gilt als befugte Jagdausübung im Sinne des WaffG.

Nordrhein-Westfalen

LJG NRW § 4 Absatz 5
Krankgeschossenes oder aus sonstigen Gründen schwer krankes Wild, das in Teile eines Jagdbezirkes überwechselt, in denen die Jagd ruht oder in denen nur eine beschränkte Jagdausübung gestattet ist, oder sich dort befindet, darf auch dort nachgesucht und erlegt werden. Dies gilt nicht für Gebäude, die zum Aufenthalt von Menschen dienen.

Rheinland-Pfalz

LJG RP § 35 Absatz 5
Die Wildfolge ist in Gebiete zulässig, auf denen die Jagd ruht oder nur eine beschränkte Ausübung der Jagd gestattet ist. Bei Befriedeten Bezirken gelten die allgemeinen Bestimmungen zur Wildfolge (siehe Tabelle Wildfolge) mit der Maßgabe, dass anstelle des Jagdnachbarn die Eigentümer oder nutzungsberechtigten Personen des befriedeten Bezirkes tritt. Kommt das Wild in einem befriedeten Bezirk zur Strecke, so steht das Aneignungsrecht dem Eigentümer oder Nutzungsberechtigten des befriedeten Bezirkes zu.

Saarland

LJG Saarland § 4 Absatz 1–5
(1) Befriedete Bezirke sind:
2. Gebäude, Hofräume und die unmittelbar an eine Behausung anstoßenden und eingefriedeten Hausgärten
3. Friedhöfe
4. Zoos und angezeigte Tiergehege gemäß §§ 42 und 43 des Bundesnaturschutzgesetzes
5. Bundesautobahnen

Das Aneignungsrecht in den befriedeten Bezirken nach Nummer 1, 3 und 4 steht dem Grundstückseigentümer, im Fall der Nummer 2 dem Jagdausübungsberechtigten zu. Der Grundstückseigentümer hat dem Jagdausübungsberechtigten mitzuteilen, wenn auf seinem Grundstück totes Schalenwild gefunden wird. Die Stücke werden auf den Abschussplan des Jagdausübungsberechtigten angerechnet.

(2) Die oberste Jagdbehörde kann auf Antrag des Eigentümers, des Nutzungsberechtigten, der Naturschutzbehörde oder von Amts wegen ganz oder teilweise befrieden:
6. Öffentliche Anlagen
7. Naturschutzgebiete
8. Vollständig eingefriedete Grundflächen, die durch Einzäunung oder auf andere Weise gegen den Zutritt von Menschen abgeschlossen und deren Eingänge absperrbar sind, und die keine Einsprünge besitzen
9. Geschlossene Gewässer im Sinne des Fischereirechts einschließlich der darin liegenden Inseln im Einvernehmen mit der unteren Fischereibehörde.

(3) Der Eigentümer oder Nutzungsberechtigte von befriedeten Bezirken darf zur Abwendung von Schäden vorbehaltlich der Bestimmung des § 22 Abs. 4 Satz 1 des Bundesjagdgesetzes und des § 32 Abs. 1 Nummer 2 und 3 jederzeit Haarraubwild, mit Ausnahme der ganzjährig geschonten Arten, und Wildkaninchen fangen oder töten und sich aneignen. Ein Jagdschein ist hierzu nicht erforderlich. § 22 bleibt unberührt.

(4) Die oberste Jagdbehörde kann in befriedeten Bezirken dem Eigentümer, dem Nutzungsberechtigten oder dem Jagdausübungsberechtigten bestimmte Jagdhandlungen unter Beschränkung auf bestimmtes Wild und auf eine bestimmte Zeit gestatten; insoweit ersetzt die Erlaubnis für den Eigentümer oder Nutzungsberechtigten den Jagdschein. Soweit Federwild betroffen ist, ist die Gestattung nur aus den in Artikel 9 Abs. 1 der Richtlinie79/409/EWG des Rates vom 2. April 1979 über die Erhaltung der wild lebenden Vogelarten (ABI. EG Nr. L 103 S. 1) in der jeweils geltenden Fassung genannten Gründen und nach den in Artikel 9 Abs. 2 dieser Richtlinie genannten Maßgaben zulässig. Das Aneignungsrecht hat derjenige, welchem die Jagdhandlung gestattet wurde. § 22 bleibt unberührt.

(5) Schusswaffen dürfen in befriedeten Bezirken nur mit Erlaubnis der obersten Jagdbehörde verwendet werden; eine nach waffenrechtlichen Vorschriften notwendige Erlaubnis bleibt unberührt. Die Erlaubnis darf nur erteilt werden, wenn eine Störung der öffentlichen Ruhe, Sicherheit oder Ordnung, insbesondere eine Gefährdung von Menschen, nicht zu befürchten und der Abschluss einer Haftpflichtversicherung im Sinne des § 17 Abs. 1 Nr. 4 des Bundesjagdgesetzes nachgewiesen ist. Die Erlaubnis ist widerruflich; sie darf Personen, denen der Jagdschein nach § 17 Abs. 1 Nr. 4 des Bundesjagdgesetzes versagt werden müsste, nicht erteilt werden. Ist der Gebrauch einer Schusswaffe zur unverzüglichen Tötung eines Wildes notwendig, um ihm erhebliche Schmerzen oder Leiden zu ersparen (Fangschuss), so bedarf ein Jagdausübungsberechtigter nicht der Erlaubnis nach Satz 1.

Sachsen

LJG Sachsen § 8 Absatz 2
Krankgeschossenes oder aus sonstigen Gründen schwer krankes Wild, das in einen befriedeten Bezirk wechselt, darf auch dort bejagt werden; dies gilt nicht für Gebäude, die zum dauernden Aufenthalt von Menschen bestimmt sind. Der Jagdausübungsberechtigte hat den Eigentümer oder Nutzungsberechtigten unverzüglich zu benachrichtigen. Der Eigentümer oder Nutzungsberechtigte ist im Rahmen der Zumutbarkeit zur Duldung der Jagdausübung verpflichtet. Anmerkung: Da Jagdausübung gestattet wird, gilt dies auch für die Aneignung, denn diese schließt die Jagdausübung ja ausdrücklich ein bzw. ist deren Ziel.

Sachsen-Anhalt

LJG Sachsen-Anhalt § 28 Absatz 5
Der befugte Jäger ist berechtigt, bei der Nachsuche befriedete Bezirke, tunlichst nach vorheriger Benachrichtigung des Eigentümers oder Nutzungsberechtigen, zu betreten, krankgeschossenes Wild im befriedeten Bezirk zu erlegen und sich erlegtes Wild anzueignen.

Schleswig-Holstein

LJG SH § 4 Absatz 5
Jagdausübungsberechtigte und Inhaberinnen oder Inhaber einer Jagderlaubnis haben das Recht, befriedete Bezirke innerhalb des Jagdbezirks, auf den sich die Berechtigung erstreckt, zur Tötung krankgeschossenen oder schwer kranken Wildes und zur Aneignung von verendetem Wild, auch mit Waffen zu betreten. Eigentümerinnen oder Eigentümer oder Nutzungsberechtigte sind möglichst vorher zu benachrichtigen.

Thüringen

LJG Thüringen § 38
Verfolgung kranken oder krankgeschossenen Wildes in befriedeten Bezirken
Die Verfolgung kranken oder krankgeschossenen Wildes ist in Gebiete zulässig, in denen die Jagd ruht oder nur eine beschränkte Jagdausübung gestattet ist; das gilt nicht für Gebäude, Hofräume und Hausgärten im Sinne dieses Jagdgesetzes; eine vorherige Benachrichtigung des Grundeigentümers oder Nutzungsberechtigten ist anzustreben. Das Aneignungsrecht des Grundeigentümers oder Nutzungsberechtigten bleibt unberührt.

Fangjagd/Fallenjagd

	Totfang (mit Erlaubnis der UJB) zulässig?	Jagdschein berechtigt zur Fangjagd?	Sachkundenachweis Fangjagd zusätzlich zum Jagdschein vorgeschrieben?	Anzeige der Fangjagd im befriedeten Bezirk?	Sachkundenachweis (für Nichtjäger) Fangjagd im befriedeten Bezirk?
BW	Ja	Ja	Nein	Ja	Ja
BY	Ja	Nein	Ja	Ja	Ja
BE	Nein	Ja[1]	Nein	Ja	Ja
BB	Ja	Ja	Nein	Ja	Nein
HB	Ja	Ja	Nein	Nein	Nein
HH	Ja	Ja	Nein	Nein	Ja
HE	Nein	Nein	Ja	Nein	Ja
MV	Ja[12]	Ja	Nein	Nein	Nein
NI	Ja	Nein	Ja	Ja	Nein
NW	Nein	Nein	Ja	Ja7	Ja
RP	Ja[1]	Ja[11]	Ja[11]	Ja12	Ja
SL	Nein	Nein	Ja	Nein	Ja
SN	Nein[5]	Ja	Nein	Nein	Nein
ST	Nein[5]	Ja	Nein	Nein	Nein
SH	Ja	Nein	Ja	Nein	Ja
TH	Nein	Ja	Nein	Ja	Nein

Anzeigepflicht bei Fangjagdausübung (Lebendfang)?	Anzeigepflicht bei Fangjagdausübung (Tofang)?	Fallenregistrierung und Kennzeichnung vorgeschrieben?	Gibt es Mindestanforderungen bezüglich Größe und Schlagkraft für Fangeisen?	Conibear-Fallen erlaubt?
Nein	Nein[1]	Ja	Ja	Nein
Nein	Ja	Ja[3]	Ja	Nein
Ja	–	Ja	Nein	Nein
Nein	Nein	Nein	Nein	Ja
Nein	Nein	Nein	Nein	Ja
Nein	Nein	Nein	Nein	Ja
Nein	–	Nein	–	Nein
Nein	Nein	Nein	Nein	Ja[12]
Nein	Nein	Nein	Ja	Ja
Ja	–	Ja	–	Nein
Nein	Ja	Nein	Ja	Nein
Nein	–	Nein	–	Nein
Nein	–	Nein	–	Ja
Nein	Nein	Nein	–	Nein
Nein	Nein	Ja	Ja	Nein
Nein	Nein	Nein	–	Ja

	Gibt es gesetzlich vorgeschriebene Mindestmaße/Mindestgrößen für Kastenfallen/Röhrenfallen zum Fang einzelner Tierarten?	Sind Drahtgitterfallen (kompletter Fallenkörper) erlaubt?	Ist der Fang und ggf. das Töten verwilderter Hauskatzen erlaubt?	Ist die (nordische) Krähen(massen)falle zulässig?
BW	Ja	Nein	2	Nein
BY	Ja	Nein	2	Nein
BE	Nein	Ja	2	Nein
BB	Nein	Ja	2	Nein
HB	Nein	Ja	2	Nein
HH	Nein	Ja	2	Nein
HE	Ja	Ja[13]	2	Nein
MV	Nein	Ja	2	Nein
NI	Nein	Ja	2	Nein
NW	Nein[6]	Ja[13]	2	Nein
RP	Nein	Ja[13]	2	Nein
SL	Nein	Ja	2	Nein
SN	Nein	Ja[13]	2	Nein
ST	Nein	Ja	2	Nein
SH	Nein	Ja	2	Nein
TH	Nein	Ja	2	Nein

Ist die „Eberswalder Fuchsfalle", bzw. bauartbedingt ähnliche Fallen (aus Drahtgitter bestehend), die einen unkontrollierten Mehrfachfang (Massenfang) erlauben, gestattet?	Fallenkontrolle bei Lebendfang (außer Wieselfallen)	Fallenkontrolle bei Wieselwippbrettfallen	Fallenkontrolle bei Totfangfallen
Nein	mind. 2 × täglich	mind. 2 × täglich	mind. 2 × täglich
Ja	1 × täglich (morgens)	2 × täglich	1 × täglich (morgens)
Ja[5]	k. A.	k. A.	–
Ja	1 × täglich (morgens)	2 × täglich	1 × täglich (morgens)
Ja	1 × täglich (morgens)	2 × täglich (ca. alle 6 Stunden)	1 × täglich (morgens)
Ja	1 × täglich (morgens)	2 × täglich (ca. alle 6 Stunden)	1 × täglich (morgens)
Ja	2 × täglich (morgens und abends)	2 × täglich	–
Ja	1 × täglich	1 × täglich	1 × täglich
Ja	1 × täglich (morgens)	2 × täglich (ca. alle 6 Stunden)	1 × täglich (morgens)
Nein[9]	2 × täglich (morgens und abends)	2 × täglich (ca. alle 6 Stunden)	–
Ja	1 × täglich (morgens)	2 × täglich (morgens und abends)	1 × täglich (morgens)
Nein	1 × täglich (morgens)	2 × täglich	–
Ja	1 × täglich (morgens)	2 × täglich (ca. alle 6 Stunden)	–
Ja	1 × täglich (morgens)	2 × täglich (ca. alle 6 Stunden)	1 × täglich (morgens)
Ja	1 × täglich (morgens)	2 × täglich	1 × täglich (morgens)
Ja	1 × täglich (morgens)	2 × täglich (ca. alle 6 Stunden)	1 × täglich (morgens)

	Wie ist die Kontrolle von Fallen bei Einsatz eines Fangmelders geregelt?	Eiabzugeisen (37 cm), Schwanenhals (46, 56, 70 cm) erlaubt?	Knüppelfalle (Rasenfalle), Marderschlagbaum erlaubt?	Scherenfalle erlaubt?
BW	mind. 2 × täglich	Ja[1]	Nein	Nein
BY	1 × täglich (morgens)-gilt für Lebendfallen (außer Wiesel)	Ja	Ja	Nein
BE	k. A.	Nein	Nein	Nein
BB	1 × täglich (morgens)-gilt für Lebendfallen (außer Wiesel)	Ja	Ja	Nein
HB	1 × täglich (morgens)	Ja	Ja	Nein
HH	1 × täglich (morgens)-gilt für Lebendfallen (außer Wiesel)	Ja	Ja	Nein
HE	2 × täglich (außer Wiesel)[6]	Nein	Nein	Nein
MV	1 × täglich (morgens)-gilt für Lebendfallen (außer Wiesel)	Ja	Ja	Nein
NI	1 × täglich (morgens)-gilt für Lebendfallen (außer Wiesel)	Ja	Ja	Nein
NW	2 × täglich (morgens u. abends)-gilt nicht für Wieselfallen[10]	Nein	Nein	Nein
RP	1 × täglich (morgens)-gilt für Lebendfallen (außer Wiesel)	Ja	Ja[15]	Nein
SL	1 × täglich (morgens)-gilt für Lebendfallen (außer Wiesel)	Nein	Nein	Nein
SN	1 × täglich (morgens)-gilt für Lebendfallen (außer Wiesel)[14]	Nein[5]	Nein	Nein
ST	1 × täglich (morgens)-gilt für Lebendfallen (außer Wiesel)[14]	Ja[5]	Ja	Nein
SH	Kontrolle nur nach Auslösen des Melders	Ja	Ja	Nein
TH	1 × täglich (morgens)-gilt für Lebendfallen (außer Wiesel[14]	Nein	Ja	Nein

1. Erlaubnisvorbehalt der UJB
2. Siehe Tabelle Jagdschutz
3. Gilt für Totfanggeräte
4. Jungfuchsfalle alle 2 Stunden
5. Mit Genehmigung der UJB
6. Mit Fangmelder: einmalige Kontrolle zwischen 5 und 9 Uhr. Ohne Fangmelder: zweimalige Kontrolle (morgens und abends)
7. Für Fangjagd auf Kaninchen besteht keine Anzeigepflicht.
8. Für Wieselfallen gibt es Anforderungen seitens des Gesetzgebers.
9. Einzelfang wäre zulässig.
10. Fangmelder sind vorgeschrieben.
11. Nur wenn JP nach 1.4.1996 abgelegt wurde.
12. Genehmigung erforderlich
13. nur vollständig abgedunkelt
14. Nur wenn der Fangmelder etwas anzeigt.
15. Es bestehen Einschränkungen bei Vorkommen von z. B. Wildkatze, Fischotter, Waschbär, Iltis.

Fallenjagd/Fangjagd – Ergänzung zur Tabelle

Quellen: BJG, LJG, DJV-Übersicht „Fangjagd"
Fallenjagd spielt in mehreren Rechtsgebieten eine gewisse Rolle. Sollten Sie in dieser Tabelle keine aussagekräftigen Antworten finden, verweise ich auf die Tabellen „Befriedete Bezirke", „Jagdschutz" sowie das Kapitel „Jagdbetrieb", dort Fangjagd ab Seite 43.

Es ist verboten

1. BJG: ... Vogelleim, Fallen, Angelhaken, Netze, Reusen oder ähnliche Einrichtungen sowie geblendete Lockvögel oder verstümmelte Vögel beim Fang oder Erlegen von Federwild zu verwenden. Dies verbieten auch das Tierschutzgesetz und die deutsche Waidgerechtigkeit.
2. BJG: Saufänge, Fang- oder Fallgruben ohne Genehmigung der zuständigen Behörde anzulegen. Dies verbieten auch das Tierschutzgesetz und die deutsche Waidgerechtigkeit.
3. BJG: Schlingen jeder Art, in denen sich Wild fangen kann, herzustellen, feilzubieten (anbieten), zu erwerben oder aufzustellen. Dies verbieten auch das Tierschutzgesetz und die deutsche Waidgerechtigkeit.
4. BJG: Fanggeräte, die nicht unversehrt fangen oder nicht sofort töten, sowie Selbstschussgeräte zu verwenden. Dies verbieten auch das Tierschutzgesetz und die deutsche Waidgerechtigkeit.

Die Punkte 1 bis 4 haben in allen Bundesländern Gütigkeit und müssen beachtet werden, auch wenn dies in den Landesgesetzen nicht expliziert aufgeführt wird.

Wildfütterung

	Fütterung Wild/Fütterung Schalenwild
BW	• Wildfütterung unzulässig • Fütterung bedarf stets Genehmigung • zulässige Futtermittel für wiederkäuendes Schalenwild: Heu, Grassilage, Rüben, heimisches Obst, Obsttrester mit maximal 10 % Hafer, Rosskastanien • zulässige Futtermittel für Schwarzwild: Getreide einschl. Mais • Futtermittel mit tierischen Proteinen oder Fetten sowie Fertigfuttermittel verboten • Aufbrüche von gesunden Wildtieren aus dem eigenen Revier erlaubt
BY	• Fütterung in Notzeiten verpflichtend • missbräuchliche Fütterung außerhalb von Notzeiten verboten
BE	Fütterung in Notzeiten verpflichtend
BB	außerhalb von Notzeiten verboten
HB	• Wildfütterungsverbot vom 1.5. bis 15.10. • Fütterungspflicht in Notzeiten
HH	Fütterung nur in Notzeiten erlaubt
HE	• Fütterung von Wiederkäuern mit Raufutter ganzjährig zulässig • weiteres Füttern nur in Notzeiten erlaubt
MV	Fütterungspflicht in Notzeiten
NI	• in Notzeiten verpflichtend • Jagdausübung in dieser Zeit im Bereich der Fütterung nicht zulässig • Federwild darf gefüttert werden vom 1.1. bis 30.04.
NW	• in Notzeiten verpflichtend • Fütterung von Schalenwild vom 15.12. bis 30.04. erlaubt • Fütterung von Niederwild ganzjährig erlaubt • Rehwildfütterung verboten • Fütterung von Schwarzwild außerhalb von Notzeiten verboten • erlaubte Futtermittel: Heu, Grassilage • verbotene Futtermittel: proteinhaltiges Futter, Mischfutter, Hühnereier
RP	• Fütterung von Schalenwild verboten • in Notzeiten mit Genehmigung der Behörde erlaubt • zulässige Futtermittel: Heu, Grassilage, heimische Feld- und Baumfrüchte

Kirrung	Ablenkfütterung
• Schwarzwild: je angefangene 50 ha Waldfläche eine Kirrung, maximal 1 Liter Kirrgut; je Jagdbezirk höchstens 5 Kirrungen • Wiederkäuer: maximal 10 Liter Futter • Federwild: maximal 1 Liter Futter	Ablenkfütterung = Fütterung
• 1 Kirrung auf 1 ha Revierfläche • maximal 1 kg artgerechtes Futter	nicht gestattet
Kirrung von Schwarzwild ist zulässig	erlaubnispflichtig
• Kirrung erlaubt • mechanische Einrichtungen verboten	• innerhalb von 3 Werktagen anzuzeigen • Notwendigkeit muss gegegeben sein
• Kirrung ganzjährig erlaubt • Vom 1.5. bis 15.10. ist das gelegentliche Kirren von Schwarzwild, Fuchs und Waschbär erlaubt	in der Verbotszeit nur mit Genehmigung der Jagdbehörde
keine Angabe	keine Angabe
• Kirrung für Schwarzwild erlaubt • zulässiges Kirrgut: heimisches Getreide, Mais, Erbsen • maximal 1 Liter pro Tag und Kirrung	für Schwarzwild nicht zulässig
• gelegentliches Kirren von Schwarzwild erlaubt • maximal 3 kg Kirrgut • Kirrgut: Mais, Getreide, Baumfrüchte • maximal 1 Kirrung je 75 ha Jagdfläche	keine Angabe
• Kirrung grundsätzlich erlaubt • für Schalenwild je angefangene 50 ha bejagbare Revierfläche 1 Kirrung gestattet • nur artgerechtes Futter erlaubt • keine proteinhaltiges Futtermittel oder Fette • Kirren von Füchsen, Minken, Marderhunden und Waschbären erlaubt • Bei der Fallenjagd dürfen auch Eier und Gescheide genutzt werden	keine Angabe
• Abstand zur Reviergrenze 75 m • Schwarzwild: je angefangene 1000 ha Jagdfläche 1 Kirrung • maximal 1 Liter Kirrgut: Getreide inklusive Mais • vorherige Anzeige der Kirrung	keine Angabe
• Kirren nur mit Erlaubnis • Erlaubnis gilt als erteilt, bei Einhaltung folgender Vorschriften: für die ersten 150 ha Waldfläche max. 2 Kirrungen, je weitere 150 ha 1 weitere; Kirrungen müssen im Wald sein; Kirrgut: Getreide, Mais; max. 1 Liter je Kirrung; Kirrung mit Lageplan muss an UJB gemeldet werden	verboten

	Fütterung Wild/Fütterung Schalenwild
SL	• Fütterung von Schalenwild verboten • in Notzeiten mit Genehmigung erlaubt
SN	• Fütterungspflicht in Notzeiten • Fütterung muss Behörde gemeldet werden
ST	• Kirren erlaubt • erlaubtes Kirrgut: heimische Baumfrüchte, Getreide, Mais • maximal 3 kg Kirrgut/Kirrplatz • Kirrfässer dürfen maximal 5 kg Kirrgut fassen • Kirren von Raubwild mit Wildaufbrüchen erlaubt
SH	• Füttern von Schalenwild in und an Gewässern verboten • Abseits von Gewässern darf Feder- und Haarwild (außer Schalenwild) gefüttert werden • in Notzeiten sind Sonderregelungen möglich • verbotene Futtermittel: proteinhaltiges Futter sowie Futter mit tierischen Fetten und Mischfuttermittel
TH	• Fütterungsverbot außerhalb von Notzeiten • Füttern von Rotwild mit behördlicher Genehmigung vom 16.1. bis 31.3 gestattet • erlaubte Futtermittel: Heu, Grassilage, Eicheln, Kastanien, Futterrüben • verbotene Futtermittel: Zuckerrüben

Kirrung	Ablenkfütterung
• Kirren von Schwarzwild im Wald erlaubt • zulässiges Kirrgut: Getreide, heimische Früchte, Feld- und Waldfrüchte • maximal 2 kg Kirrgut/Kirrstelle • Kirrautomaten erlaubt; Höchstfuttermenge pro Tag: 700 g	mit Genehmigung der Behörde erlaubt
• Kirren von Schalenwild erlaubt • erlaubtes Kirrgut: Getreide, Mais, Baumfrüchte, Obsttreter • maximal 3 kg Kirrgut/Kirrstelle	mit Genehmigung der Behörde erlaubt
• Kirren erlaubt • erlaubtes Kirrgut: heimische Baumfrüchte, Getreide, Mais • maximal 3 kg Kirrgut/Kirrstelle • Kirrfässer dürfen maximal 5 kg Kirrgut fassen • Kirren von Raubwild mit Wildaufbrüchen erlaubt	mit Genehmigung der Behörde erlaubt
Gelegentliches Ankirren von Schwarzwild mit geringen Mengen Kirrgut erlaubt	mit Genehmigung der Behörde erlaubt
• bis 150 ha Jagdfläche 2 Kirrungen erlaubt • je weitere 150 ha 1 zusätzliche Kirrung gestattet • Mindestabstand zur Reviergrenze: 100 Meter • Salzecken und Lockstocke gelten als Kirrung	mit Genehmigung der Behörde erlaubt

Achtung! Die Ausführungen geben die rechtlichen Bestimmungen z. T. gekürzt und in vereinfachter Sprache wieder.

Jagdschutz

	Bundesjagdgesetz §			
	Schutz des Wildes vor Wilderern (BJG)	Schutz vor Futternot und Wildseuchen (BJG)	Schutz vor wildernden Hunden und Katzen (BJG)	Sorge um Einhaltung jagd- und tierschutzrechtlicher Vorschriften (BJG)
BW	X	X	X	X
BY	X	X	X	X
BE	X	X	X	X
BB	X	X	X	X
HB	X	X	X	X
HH	X	X	X	X
HE	X	X	X	X
MV	X	X	X	X
NI	X	X	X	X
NW	X	X	X	X
RP	X	X	X	X
SL	X	X	X	X
SN	X	X	X	X
ST	X	X	X	X
SH	X	X	X	X
TH	X	X	X	X

	Landesrechtliche Vorschriften			
	Schutz des Wildes vor Wilderern?	Wildernde Hunden töten?	Wildernde und streunende Katzen töten?	Wildernde Katzen töten?
	Nein	Nein[8]	Ja	Nein[8]
	Ja	Ja	Ja	Ja
	Ja	Ja	Ja	Ja
	Ja	Ja	Ja	Ja
	Ja	Ja	Ja[10]	Ja[10]
	Ja	Ja	Ja[10]	Ja[10]
	Ja	Ja	Ja[11]	Ja[11]
	Ja	Ja	Ja[10]	Ja[10]
	Ja	Ja	Ja	Ja
	Ja	Ja[12]	Ja	Nein
	Nein	Ja	Ja	Ja
	Ja	Nein	Ja	Nein
	Ja	Nein[13]	Ja	Ja
	Ja	Ja	Ja	Ja
	Ja	Ja	Ja	Ja
	Ja	Ja[13]	Ja[10]	Ja[14]

	Was kann dem Jagdgast übertragen werden?			
	Kompletter Jagdschutz?	Töten von wildernden Hunden?	Fangen von wildernden und streunenden Katzen?	Töten von wildernden und streunenden Katzen?
BW	Nein	Nein	Nein	Nein
BY	Nein	Ja[9]	Ja[9]	Ja[9]
BE	Nein	Ja[9]	Ja[9]	Ja[9]
BB	Nein	Ja[9]	Ja[9]	Ja[9]
HB	Nein	Ja[9]	Ja[9,10]	Ja[9,10]
HH	Nein	Ja[9]	Ja[9,10]	Ja[9,10]
HE	Nein	Ja[9]	Ja[9,11]	Ja[9,11]
MV	Nein	Nein	Nein	Nein
NI	Nein	Ja[9]	Ja[9]	Ja[9]
NW	Nein	Nein	Nein	Nein
RP	Nein	Nein	Nein	Nein
SL	Nein	Nein	Nein	Nein
SN	Nein	Nein	Nein	Nein
ST	Nein	Ja[9]	Ja[9]	Ja[9]
SH	Nein	Ja[9]	Ja[9,10]	Ja[9,10]
TH	Nein	Ja[9]	Ja[9]	Ja[9,14]

1. Schutz des Wildes vor nicht dem Jagdrecht unterliegenden Tierarten.
2. Schutz des Wildes durch Tiere, die keinen besonderen Schutz durch das NatG haben.
3. Tiere zu erlegen, die nicht dem besonderen Schutz des Naturschutzgesetzes unterliegen.
4. Schutz bedrohter Tierarten (LJG), Schutz jagdlicher Einrichtungen.
5. Mithilfe bei Bekämpfung von Wildseuchen, Verhinderung von vermeidbaren Schmerzen oder Leiden des Wildes.
6. Aufforderungsrecht an Störer des Wildes dies zu unterlassen (LJG).
7. Schutz des Wildes vor besonderen Gefahren wie Raubwild und anderen Tierarten (LJG), Meldung an die untere Naturschutzbehörde von festgestellten Nist-, Brut- und Wohnstätten von vom Aussterben bedrohten Tierarten (LJG).
8. Nur im Einzelfall mit schriftlicher Genehmigung der Ortspolizeibehörde.
9. Übertragung muss schriftlich erfolgen.
10. Ab einer Entfernung von 200 Metern zur nächsten Bebauung.
11. Ab einer Entfernung von 500 Metern zur nächsten Bebauung.
12. Wenn andere Maßnahmen nicht zum Ziel führen.
13. Genehmigungspflichtig.
14. Gefangene Katzen dürfen nicht getötet werden.
15. In Bundesländern, in denen Vollgesetze erlassen wurden, gilt ggf. die Länderregelung (konkurrierende Gesetzgebung).

	Fangschuss, Bleischrotverwendung, bleihaltige Büchsengeschosse, Nachtjagd			
	Ist der Fangschuss mit Schrot auf Schalenwild zulässig?	Sind Bleischrote bei der Jagd generell verboten?	Ist die Nutzung bleihaltiger Büchsengeschosse bei der Jagd verboten?	Auf welche Wildarten darf die Jagd zur Nachtzeit nicht ausgeübt werden?
BW	Ja	Nein	Ja[1]	Schalen- und Federwild[4,5,7]
BY	Nein	Nein	Nein	Haar- und Federwild[4,6,7]
BE	Nein	Nein	Nein	Schalen- und Federwild[4,7]
BB	Nein	Nein	Nein	Schalen- und Federwild[4,7]
HB	Nein	Nein	Ja[1]	Schalen- und Federwild[4,7]
HH	Nein	Nein	Nein	Federwild[7]
HE	Nein	Nein	Nein	Schalen- und Federwild[4,7,8]
MV	Nein	Nein	Nein[3]	Schalen- und Federwild[4,7,9]
NI	Nein	Nein	Nein	Schalen- und Federwild[4,7]
NW	Ja	Nein	Ja[2]	alles Wild[4,6]
RP	Ja	Nein	Nein	Schalen- und Federwild[4]
SL	Ja	Nein	Ja[1]	Haar- und Federwild[10]
SN	Nein	Ja	Nein	Schalen- und Federwild[4,7]
ST	Nein	Nein	Nein	Schalen- und Federwild[4,7]
SH	Nein	Nein	Ja	Schalen- und Federwild[4,7,11]
TH	Nein	Ja	Nein	Schalen- und Federwild[4,7]

1. Gilt nur für die Jagd auf Schalenwild.
2. Gilt nur für Kalibergruppen ab einem Durchmesser von 5,6 und größer.
3. Es ist verboten, Schalenwild mit Munition zu erlegen, die mehr Blei als nach dem jeweiligen Stand der Technik vorgesehen an den Wildkörper abgibt – ausgenommen ist der Fangschuss.
4. Verbot gilt nicht für Schwarzwild.
5. Weibliches Rotwild und Kälber dürfen in der Zeit nach Sonnenuntergang bis 22 Uhr erlegt werden.
6. Verbot gilt nicht für Raubwild.
7. Verbot umfasst nicht die Jagd auf Möwen, Waldschnepfen, Auer-, Birk- und Rackelwild.
8. Außerhalb von Rotwildgebieten oder in Rotwildgebieten außerhalb des Waldes darf Rotwild zur Nachtzeit erlegt werden, wenn dies zur Erfüllung des Abschussplans notwendig ist.
9. Vom 1.10. bis 31.1. darf Rot- und Damwild zur Nachtzeit erlegt werden, wenn die Jagdbehörde keine Einschränkungen bestimmt.
10. Verbot gilt nicht für Scharzwild, Raubwild und Wildkaninchen.
11. Vom 1.11. bis 31.1. darf Rot- und Damwild erlegt werden, soweit dies zur Erfüllung der Abschusspläne notwendig ist.

Übersicht der Jagdverbände

Auf den Webseiten der LJV finden Sie landesspezifische Hinweise, die derzeit gültigen jagdrechtlichen Vorgaben und die aktuellen Jagdzeiten.

Landesjagdverband Baden-Württemberg: www.landesjagdverband.de
Bayerischer Jagdverband: www.jagd-bayern.de
Landesjagdverband Berlin: www.ljv-berlin.de
Landesjagdverband Brandenburg: www.ljv-brandenburg.de
Landesjägerschaft Bremen: www.lj-bremen.de
Landesjagd- und Naturschutzverband der Freien und Hansestadt Hamburg: www.ljv-hamburg.de
Landesjagdverband Hessen: www.ljv-hessen.de
Landesjagdverband Mecklenburg-Vorpommern: www.ljv-mecklenburg-vorpommern.de
Landesjägerschaft Niedersachsen: www.ljn.de
Landesjagdverband Nordrhein-Westfalen: www.ljv-nrw.de
Landesjagdverband Rheinland-Pfalz: www.ljv-rlp.de
Vereinigung der Jäger des Saarlandes: www.saarjaeger.de
Landesjagdverband Sachsen: www.ljv-sachsen.de
Landesjagdverband Sachsen-Anhalt: www.ljv-sachsen-anhalt.de
Landesjagdverband Schleswig-Holstein: www.ljv-sh.de
Landesjagdverband Thüringen: www.ljv-thueringen.de

Deutscher Jagdverband: www.jagdverband.de
Chausseestr. 37, 10115 Berlin; Tel.: 030/209 1394
djv@jagdverband.de

Die Jagd- und Schonzeiten der Bundesländer finden Sie unter:
www.kosmos.de/jagdzeiten

Bildnachweis
Mit 2 Abbildungen von shutterstock/Neural Netwirks, shutterstock/AlekseyVanin

Impressum
Umschlaggestaltung von Büro Jorge Schmidt unter Verwendung von 2 Fotografien (Cover: Horst Jegen, Rückseite: Siegfried Seibt) und einer Archiv-Illustration.

Alle Angaben in diesem Buch erfolgen nach bestem Wissen und Gewissen. Sorgfalt bei der Umsetzung ist indes dennoch geboten. Der Verlag und der Autor übernehmen keinerlei Haftung für Personen-, Sach- oder Vermögensschäden, die aus der Anwendung der vorgestellten Materialien, Methoden oder Informationen entstehen können.

Unser gesamtes Programm finden Sie unter **kosmos.de**.

Über Neuigkeiten informieren Sie regelmäßig unsere Newsletter, einfach anmelden unter **kosmos.de/newsletter**

Gedruckt auf chlorfrei gebleichtem Papier

FSC www.fsc.org MIX Papier | Fördert gute Waldnutzung FSC® C110508

Pfizerstraße 5–7, 70184 Stuttgart
kosmos.de/servicecenter

ISBN 978-3-440-18048-8
Projektleitung und Redaktion: Markus Lück
Gestaltungskonzept: Vanessa Frömmig, Lisa Mühlenbrock
Gestaltung und Satz: Vanessa Frömmig, Alexandra Fischer
Produktion: Vanessa Frömmig
Druck und Bindung: Westermann Druck, Zwickau
Printed in Germany / Imprimé en Allemagne